WERKSTATTBÜCHER

FÜR BETRIEBSBEAMTE, KONSTRUKTEURE UND FACHARBEITER
HERAUSGEGEBEN VON DR. ING. H. HAAKE, HAMBURG

Jedes Heft 50—70 Seiten stark, mit zahlreichen Textabbildungen

---

Die Werkstattbücher behandeln das Gesamtgebiet der Werkstattstechnik in kurzen selbständigen Einzeldarstellungen; anerkannte Fachleute und tüchtige Praktiker bieten hier das Beste aus ihrem Arbeitsfeld, um ihre Fachgenossen schnell und gründlich in die Betriebspraxis einzuführen.
Die Werkstattbücher stehen wissenschaftlich und betriebstechnisch auf der Höhe, sind dabei aber im besten Sinne gemeinverständlich, so daß alle im Betrieb und auch im Büro Tätigen, vom vorwärtsstrebenden Facharbeiter bis zum leitenden Ingenieur, Nutzen aus ihnen ziehen können.
Indem die Sammlung so den Einzelnen zu fördern sucht, wird sie dem Betrieb als Ganzem nutzen und damit auch der deutschen technischen Arbeit im Wettbewerb der Völker.

Einteilung der bisher erschienenen Hefte nach Fachgebieten

I. Werkstoffe, Hilfsstoffe, Hilfsverfahren

II. Spangebende Formung

(Fortsetzung 3. Umschlagseite)

WERKSTATTBÜCHER

FÜR BETRIEBSBEAMTE, KONSTRUKTEURE UND FACH-ARBEITER. HERAUSGEBER DR.-ING. H. HAAKE, HAMBURG

HEFT 85

Das Schweißen der Leichtmetalle

Von

Dipl.-Ing. Theodor Ricken

Frankfurt a. M.

Zweite, verbesserte Auflage

(7. bis 12. Tausend)

Mit 156 Abbildungen und 21 Tabellen im Text

Springer-Verlag Berlin Heidelberg GmbH

ISBN 978-3-662-01417-2 ISBN 978-3-662-01416-5 (eBook)
DOI 10.1007/978-3-662-01416-5

Inhaltsverzeichnis.

Die in diesem Buch benutzten chemischen Kurzzeichen bedeuten: Al = Aluminium, Cr = Chrom, Cu = Kupfer, Mg = Magnesium, Mn = Mangan, Ni = Nickel, Sb = Antimon, Si = Silizium, Ti = Titan, Zn = Zink.

Alle Rechte, insbesondere das der Übersetzung in fremde Sprachen, vorbehalten.

Vorwort.

Mit der ständig zunehmenden Verwendung der Leichtmetalle in den verschiedensten Zweigen der Technik, insbesondere in der Luftfahrtindustrie, hat auch ihre Schweißung immer mehr an Bedeutung gewonnen. Nach Überwindung vieler anfänglicher Schwierigkeiten hat die Leichtmetallschweißung heute einen solchen Stand erreicht, daß sie mit den übrigen Verbindungsverfahren erfolgreich in Wettbewerb treten und diese in vielen Fällen verdrängen konnte.

Das vorliegende Büchlein, dessen erste Auflage 1941 erschien, will den Betriebsingenieur und Schweißer in die Eigenart der Leichtmetallschweißung einführen und auch dem Konstrukteur Winke zur richtigen Gestaltung geschweißter Leichtmetallbauteile geben.

Die Kenntnis der verschiedenen Schweißverfahren wird vorausgesetzt. Hierüber gibt es ausführliches Schrifttum. Auf das Studium besonderer Einzelheiten wird der Leser durch Schrifttumsangaben hingewiesen.

I. Allgemeines über Leichtmetalle und ihre Eigenschaften.

1. Begriff und Anwendungsgebiete. Unter dem Begriff „Leichtmetalle" werden allgemein diejenigen Metalle zusammengefaßt, deren Raumeinheitsgewicht unter 3,8 g/cm³ liegt. Hierzu gehören Aluminium, Magnesium, Natrium, Kalium, Lithium und Beryllium. Als technische Baustoffe kommen von diesen nur *Aluminium* und *Magnesium* in Frage; von den übrigen Leichtmetallen haben nur Lithium und Beryllium als Legierungszusätze Bedeutung.

Aluminium wird entweder als Reinaluminium oder in Legierungen verwandt; dagegen ist Magnesium fast *nur* im legierten Zustande als technischer Werkstoff brauchbar; reines Magnesium kommt vorläufig nur für Stromschienen in Frage.

Die große Bedeutung der Leichtmetalle liegt in ihrem geringen Raumeinheitsgewicht und der verhältnismäßig hohen Festigkeit, die bei Aluminiumknetlegierungen bis zu etwa 58 kg/mm² beträgt. Wegen dieser Vorzüge treten die Leichtmetalle überall dort in Erscheinung, wo geringes Gewicht verlangt wird, insbesondere in der Luftfahrtindustrie und im Fahrzeugbau, ferner bei tragbaren Geräten und bei schnell bewegten Maschinenteilen zur Verringerung der Massenkräfte. Infolge ihrer hohen Korrosionsbeständigkeit eignen sich Reinaluminium und viele Aluminiumlegierungen als Werkstoff für Behälter und Apparate in der chemischen Industrie. Schließlich finden die Leichtmetalle, insbesondere Aluminium, wegen des hohen elektrischen Leitwertes zunehmende Verwendung in der Elektrotechnik.

2. Reinaluminium. Technisches Aluminium ist durch Eisen, Silizium, Kupfer und Zink verunreinigt. Der Reinheitsgrad (Gehalt an reinem Aluminium) liegt nach DIN 1712 zwischen 99 und 99,7% (Al 99 und Al 99,7). Für Sonderzwecke wird Aluminium mit 99,99% Reinheitsgrad hergestellt. Das Raumeinheitsgewicht ist bei gegossenem Reinaluminium $\gamma = 2{,}65 \cdots 2{,}69$ g/cm³, je nach Dichte des Gusses, bei gewalztem Reinaluminium $\gamma = 2{,}7$ g/cm³. Der Schmelzpunkt liegt bei 658°.

Aluminium und seine Legierungen sind durch Walzen, Ziehen, Pressen, Stauchen, Biegen und Schmieden kalt oder warm verformbar. Durch Walzen im kalten Zustand können Festigkeit, Streckgrenze und Härte auf ein Mehrfaches gesteigert werden, während die Bruchdehnung wesentlich zurückgeht. Die Festigkeitseigenschaften von Al 99,5 sind in Tabelle 1 zusammengestellt.

Tabelle 1. Festigkeitseigenschaften von Reinaluminium 99,5%.

	Zustand		
	gegossen	gewalzt und weichgeglüht	hart gewalzt oder gezogen
Zugfestigkeit . . . . kg/mm²	9···12	7··· 9	13···18
Streckgrenze . . . . kg/mm²	3··· 4	3··· 4	12···17
Bruchdehnung . . . . in %	25···18	35···25	7··· 3
Brinellhärte, H 5/62,5/30 . . kg/mm²	24···32	15···24	30···40
Elastizitätsmodul E . . . . . kg/mm²		6000···7000	
Gleitmodul G . . . . kg/mm²		2700	

Die Dauerfestigkeit (Schwingungs- oder Wechselfestigkeit) von Reinaluminium ist etwa das 0,4- bis 0,45fache der statischen Zugfestigkeit. — Von den übrigen Eigenschaften des Reinaluminiums sind seine hohe Leitfähigkeit für Wärme und Elektrizität und Beständigkeit gegen chemische Angriffe zu nennen[1].

3. Aluminiumlegierungen. Durch Zusätze anderer Metalle kann die Festigkeit des Aluminiums wesentlich gesteigert werden. Die hauptsächlichsten Legierungselemente sind Kupfer, Silizium, Magnesium, Zink, Nickel, Mangan, Titan und Antimon. Bei den Aluminiumlegierungen unterscheidet man zwischen Knetlegierungen und Gußlegierungen; erstere können wieder in nicht aushärtbare und aushärtbare (vergütbare) Knetlegierungen eingeteilt werden. Die wichtigsten der nach DIN 1725 und DIN 1745 · · · 1749 genormten Knet- und Gußlegierungen sind nach Handelsbezeichnungen, Zusammensetzung und Festigkeitseigenschaften in den Tabellen 2, 3 und 4 zusammengestellt.

Zu den nicht aushärtbaren Legierungen gehören die Gattungen Al-Mg, Al-Mg-Mn und Al-Mn. Diese besitzen bereits im Naturzustand wesentlich höhere Festigkeit als Reinaluminium, die noch durch Kaltverformung gesteigert werden kann, allerdings auf Kosten der Dehnung.

Die aushärtbaren Legierungen enthalten Zusätze von Kupfer und Magnesium mit Silizium (Gattungen Al-Cu-Mg, Al-Cu-Ni und Al-Mg-Si). Bei ihnen kann die Festigkeit durch geeignete Warmbehandlung wesentlich verbessert werden. Die Aushärtungsbehandlung umfaßt ein ½- bis 2stündiges Glühen des Werkstückes bei rund 500° und nachfolgendes Abschrecken in kaltem Wasser. Während jetzt die Legierung noch weich und gut verformbar ist, steigt bei der nunmehr folgenden Alterung oder Auslagerung die Festigkeit und Härte erheblich an; die Dehnung fällt nur wenig ab. Die Alterung kann als „natürliche Alterung" durch mehrtägiges Lagern bei Zimmertemperatur oder als „künstliche Alterung" durch mehrstündiges Erwärmen auf 100 bis 200° vorgenommen werden.

Bei den Gußlegierungen unterscheidet man Sand- und Kokillenguß. Letzterer hat gegenüber Sandguß eine bis zu 30% höhere Festigkeit, glattere Oberflächen und größere Maßgenauigkeit, ist aber erst von bestimmten Stückzahlen an wirtschaftlich. Außerdem gibt es Spritzguß nach DIN 1744, der noch größere Formgenauigkeit besitzt, aber wegen der teueren Formen nur für ausgesprochene Massenfertigung in Frage kommt. Entsprechend zusammengesetzte Gußlegierungen sind, ähnlich wie die Knetlegierungen, aushärtbar; jedoch ist die erreichbare Festigkeit wegen des groberen Gußgefüges geringer als bei letzteren.

[1] Vgl. Werkstattbuch Heft 53 „Nichteisenmetalle, Zweiter Teil: Leichtmetalle".

Tabelle 2. Nicht aushärtbare Aluminiumknetlegierungen nach Din 1725 bzw. 1745 (Auszug).

Gattung (Kurzzeichen)	Handelsbezeichnungen (nicht genormt)	Kennfarbe	Legierungsbestandteile außer Al	Festigkeitswerte[1] Zustand	Streckgrenze $\sigma_{0,2}$ kg/mm² mindestens	Zugfestigkeit σ_B kg/mm² mindestens	Bruchdehnung δ_{10} % mindestens	Brinellhärte H ($P=5\,D^2$) kg/mm² mindestens	Besondere Eigenschaften
(Al-Mg 3)		grüngelb	2,5···4% Mg 0···0,8% Mn 0···0,4% Zn	weich	8	18	15	45	mit abnehmendem Mg-Gehalt nimmt Festigkeit ab, Verformbarkeit und Schweißbarkeit zu. Gegen Seewasser beständiger als Reinal. Gut polierbar und eloxierbar. $\gamma \sim 2{,}6$ kg/dm³
				halbhart	13	22	8	65	
Al-Mg 5	Hydronalium BS-Seewasser Duranalium Peraluman 7 Heddenal	grün-schwarz	4,0···5,5% Mg 0···0,8% Mn 0···0,4% Zn	weich	9	22	15	55	
				halbhart	15	25	8	70	
Al-Mg 7		grünrot	5,5···7,5% Mg 0···0,8% Mn 0···0,8% Zn 0···0,2· Cr	weich	15	30	15	70	
				halbhart	20	34	8	90	
(Al-Mg 9)			über 8···10· Mg + Zn 0···0,8% Mn 0···1,2% Zn 0···0,5% Cr	weich	17	35	15	80	
				halbhart	26	38	8	95	
Al-Mg Mn	KS-Seewasser Peraluman Duranalium Mg 2 S	grün	2···2,5% Mg 0,8···1,3% Mn 0···0,2% Sb	weich	8	18	15	45	chemisch-, seewasser- u. witterungsbest., gut eloxierb. $\gamma \sim 2{,}7$ kg/dm³
				halbhart	13	22	4	55	
				hart	20	24	3	65	
(Al-Si)	Silumin	braun	12···13,5% Si	weich	6	12	15	40	gute Korrosionsbeständigkeit
				halbhart	12	15	3	50	
				hart	15	18	2	60	
Al-Mn	Aluman Mangal, M 115 Heddal, MN 20 Sidal K Wicromal	violett	1···1,5% Mn	weich	4	9	20	20	gute Korrosionsbeständigkeit u. Eloxierbarkeit $\gamma \sim 2{,}75$ kg/dm³
				halbhart	10	12	5	35	
				hart	13	16	4	40	

[1] Nach DIN 1745. Die eingeklammerten Legierungen entsprechen der früheren DIN 1713.

Die Tabellen 2—6 sind wiedergegeben mit Genehmigung des Deutschen Normenausschusses. Verbindlich ist die jeweils neueste Ausgabe des Normblattes im Normformat A 4, das beim Beuth-Vertrieb G. m. b. H., Berlin W 15 und Krefeld-Uerdingen erhältlich ist.

Tabelle 3. Aushärtbare Aluminiumknetlegierungen nach DIN 1725 bzw. 1745 (Auszug).

Gattung (Kurzzeichen)	Handelsbezeichnungen (nicht genormt)	Kennfarbe	Legierungsbestandteile außer Al	Festigkeitswerte[1] Zustand	Streckgrenze $\sigma_{0,2}$ kg/mm² mindestens	Zugfestigkeit σ_B kg/mm² mindestens	Bruchdehnung δ_{10} % mindestens	Brinellhärte H ($P = 5 D^2$) mindestens	Besondere Eigenschaften
Al-Cu3-Mg	Duralumin Aludur, Avional Bondur, Heddur, Ulminium, Igedur, Silal; plattiert; Duralplat, Bonduralplat Albondur	dunkelrot; Plattierwerkstoff m. weiß. Querstrich	3···3,3% Cu 1···1,6% Mg 0,5···0,8% Mn 0,2···0,5% Si	Normallegierung ausgehärtet	20···25	34···38	12···15	90···100	bei Raumtemperatur aushärtend, hochwertiger Konstruktionswerkstoff, eloxierbar $\gamma \sim 2{,}8$ kg/dm³
				hochfeste Legierung: ausgehärtet	23···28	39···44	8···10	100···110	
				hochfeste Legierung: ausgehärtet u. kaltverfestigt	28···50	45···58	10··· 2	110···120	
(Al-Cu)	Lautal, Qualität 55 plattiert: Allautal	schwarz	4,5···6% Cu 0,4···0,6% Mn 0,2···0,5% Si	abgeschreckt u. nachgerichtet	16	30	15	70	aushärtbar, gute Festigkeit
				ausgehärtet	21···23	36···38	10···15	90···100	
				ausgehärtet und kaltverfestigt	23···40	39···50	15··· 2	100···140	
Al-Mg-Si	Aludur 533 Anticorodal Duralumin K Legal, Pantal, Polital, Silal V Ulmal	weiß	0,7···1,0% Mg 0,7···1,2% Si 0,6···1,0% Mn	weich	5	11	13···15	30	bei Raumtemperatur aushärtbar, beschränkt warm aushärtbar, mittlere Festigkeit, gute Verformbarkeit, gut eloxierbar $\gamma = 2{,}7$ kg/dm³
				walzhart	15	17	4	50	
				abgeschreckt u. nachgerichtet	10	20	10···12	50	
				ausgehärtet	18	26···28	8···10	70	
				ausgehärtet u. kaltverfestigt	18···40	29···42	10··· 2	70	

[1]) Nach DIN 1745. Die eingeklammerte Legierung entspricht der früheren DIN 1713.

Tabelle 4. Aluminiumgußlegierungen nach DIN 1725 (Auszug).

Gattung (Kurzzeichen)	Handelsbezeichnungen (nicht genormt)	Kennfarbe	Legierungsbestandteile außer Al	Zustand (Lieferform)	Festigkeitswerte: Streckgrenze $\sigma_{0,2}$ kg/mm²	Zugfestigkeit σ_B kg/mm²	Bruchdehnung δ_5 %	Brinellhärte ($P = 10\,D^2$) kg/mm²	Besondere Eigenschaften
GAl-Si-Mg	Silumin-Gamma	braun-violett	9,0···10,0% Si 0,2··· 0,4% Mg 0,3··· 0,5% Mn	Sandguß unbehandelt	9···11	18···24	3··· 8	55···65	Gute Gießeigenschaften, aushärtbar, gut schweißbar, eloxierbar, schwingungsfest $\gamma = 2{,}65$ kg/dm³
				Sandguß ausgehärtet	20···28	25···32	0,5··· 4	80···110	
				Kokillenguß unbehandelt	11···15	22···26	2··· 4	70···85	
				Kokillenguß ausgehärtet	24···30	26···34	0,5···2	85···115	
GAl-Si 13	Silumin	braun	12···13,5% Si 0··· 0,5% Mn	Sandguß unbehandelt	8··· 9	17···22	4··· 8	50···60	Ausgezeichnete Gießeigenschaften, gut schweißbar, chemisch gut beständig, eloxierbar $\gamma \sim 2{,}65$ kg/dm³
				Sandguß, geglüht u. abgeschreckt	8···10	18···22	6···10	50···60	
				Kokillenguß unbehandelt	9···11	20···26	3··· 7	55··· 70	
				Kokillenguß geglüht u. abgeschreckt	9···11	20···26	6···10	50···60	
G Al-Mg 3	KS-Seewasser Gußpantal Hydronalium BS-Seewasser Duranaliumguß Gußperaluman	grüngelb	2,0···3,3% Mg 0,2···0,8% Mn 0,2···1,0% Si 0···0,3% Ti 0···0,3% Cr 0···0,3% Cr 0···0,3% Sb	Sandguß unbehandelt	8···10	14···19	3··· 8	50···60	Aushärtbar je nach Si-Gehalt, chemisch gut beständig, gut polierbar u. eloxierbar $\gamma \sim 2{,}7$ kg/dm³
				Sandguß ausgehärtet	13···16	21···28	2··· 8	70···90	
				Kokillenguß unbehandelt	9···12	15···20	3··· 8	50···60	
				Kokillenguß ausgehärtet	15···18	23···33	4···15	65···90	
Al-Mg 5		grün-schwarz grün	4,5···5,5% Mg 0,8···1,3% Si 0,1···0,4% Mn 0···0,2% Ti	Sandguß unbeh. Kokillenguß	9···10	16···19	2··· 5	55···70	Gute Gießeigenschaften, chem. gut beständig, gut polierbar u. eloxierbar $\gamma \sim 2{,}6$ kg/dm³
				Kokillenguß unbehandelt	9···10	17···25	3··· 8	60···80	
D Al-Si 13	Silumin	braun	12···13,5% Si 0··· 0,5% Mn	Druckguß	—	18···26	1··· 3	60···80	Flüssigkeitsdicht $\gamma \sim 2{,}65$ kg/dm³

4. Magnesiumlegierungen. Magnesium ist das leichteste Nutzmetall ($\gamma =$ 1,74 g/cm^3), dessen Ausgangsstoffe rein deutscher Herkunft sind. Reinmagnesium kommt wegen seiner geringen Festigkeit als kraftbeanspruchter Baustoff kaum in Frage, sondern wird nur in Legierung mit Aluminium, Mangan, Zink, Silizium oder auch mehreren dieser Metalle verwandt. Stromschienen werden aus Reinmagnesium hergestellt.

Magnesiumlegierungen sind nach DIN 1729 in Knetlegierungen und Gußlegierungen eingeteilt, deren Handelsbezeichnungen, Zusammensetzung und Festigkeitseigenschaften in den Tabellen 5 und 6 zusammengestellt sind. In diesen sind auch einige Legierungen der früheren DIN 1717 enthalten.

Die Knetlegierungen lassen eine Warmbearbeitung durch Walzen, Ziehen, Pressen und Schmieden bei 300 bis 400° zu. Kaltwalzen kommt nur für dünne Bleche in Frage. Beim Warmbiegen ist der Biegeradius etwa das Doppelte der Blechdiche, beim Kaltbiegen soll er das Fünf- bis Zehnfache der Blechdicke betragen.

Die Gußlegierungen kommen, wie die Al-Gußlegierungen als Sand-, Kokillen- oder Spritzguß zur Anwendung.

Bei den Mg-Knetlegierungen kann die Festigkeit durch Warmschmieden verbessert werden.

Magnesium und seine Legierungen sind in Form von Dreh-, Hobel-, Bohr-, Fräs- und Sägespänen brennbar, dagegen liegt bei kompakten Teilen keine Brandgefahr vor. Diese können durch ein Streichholz nicht zur Entzündung gebracht werden. Beim Erhitzen über den Schmelzpunkt verbrennt nur das geschmolzene Metall; ein Übergreifen des Brandes auf die nicht über den Schmelzpunkt erhitzten Teile ist ausgeschlossen. Bei der Schmelzschweißung von Mg-Legierungen wird ein Brennen des schmelzenden Metalls durch die Flußmittel verhindert.

Die bei der spanabhebenden Bearbeitung und beim Schleifen zur Verhütung von Spänebränden zu beachtenden Maßnahmen sind in den von den zuständigen Behörden erlassenen Sicherheitsvorschriften für Magnesiumlegierungen enthalten. Im Reichsarbeitsblatt 1938 Nr. 23 (Arbeitsschutz Nr. 8) sind außerdem eingehende Erläuterungen hierzu erschienen.

Die Raumeinheitsgewichte der Mg-Legierungen liegen zwischen $\gamma = 1{,}75$ bis 1,83 g/cm^3, die Schmelzpunkte zwischen 650 und 400°.

5. Unterscheidung von Leichtmetallegierungen. Da die einzelnen Gattungen der Al- und Mg-Legierungen sich beim Schweißen verschieden verhalten, muß man, falls bei einer Legierung die Zusammensetzung unbekannt ist, diese durch werkstattmäßige Unterscheidungsmittel feststellen.

Mg-Legierungen lassen sich von den Al-Legierungen dadurch unterscheiden, daß man einige Späne abfeilt und diese ohne Flußmittel mit einem Schweißbrenner erhitzt. Hierbei entzünden sich die Feilspäne von Mg-Legierungen unter starker Lichtwirkung, während sie bei Al-Legierungen nicht brennen.

Für die Unterscheidung der verschiedenen Al-Legierungen eignet sich am besten die Ätz- oder Tüpfelprobe[1]. Als Ätzmittel dient eine 20proz. Natronlauge (20 Teile Ätznatron in 80 Teilen Wasser aufgelöst), von der man einige Tropfen 2 bis 10 Minuten lang auf eine blankgeschabte Stelle einwirken läßt und dann mit Wasser abspült. Bei allen kupferhaltigen Legierungen tritt dann eine deutliche Schwärzung und bei kupferfreien eine schwach graue bis bräunliche Färbung ein. Reinaluminium wird an der benetzten Stelle weiß gebeizt, während sich bei Silumin eine

[1] Vgl. auch Schrader, (Dr.-Ing. Angelica Schrader, Metallographin am Institut f. Metallkunde der T. H. Berlin), Ätzheft, 3. Aufl. Berlin 1941. — Gebr. Borntraeger, Anweisung zur Herstellung von Metallschliffen. Verzeichnis von Ätzmitteln, Verfahren zur Gefügeentwicklung.

Tabelle 5. Magnesiumknetlegierungen nach DIN 1729 und (DIN 1717).

Gattung (Kurzzeichen)	Handelsbezeichnung (nicht genormt)		Kennfarbe	Legierungsbestandteile außer Mg	Festigkeitswerte (nach früherer DIN 1717)					Besondere Eigenschaften
	Elektron	Magnewin			Lieferzustand	Streckgrenze $\sigma_{0,2}$ kg/mm²	Zugfestigkeit σ_B kg/mm²	Bruchdehnung δ_5 %	Brinelhärte H P = 10 D² kg/mm²	
(Mg-Al 3)	AZ 31	3512	gelb-schwarz	2···4% Al 0···1,5% Zn 0···0,5% Mn	unbehandelt Bleche, Profile	13···18	23···29	18···6	50···60	leicht verformbar, beschränkt schweißbar
Mg-Al 6	AZM	3510	gelb weiß-gelb	5,5···6,5% Al 0,5···1,5% Zn 0,05···0,4% Mn	Drähte, Preßteile, Schmiedestücke	17···22	27···33	16···6	55···6,5	höhere Festigkeit, beschränht schweißbar $\gamma = 1{,}8$ kg/dm³
Mg-Al 7	AZ 855 V 1	3515	gelb-blau	6,5···10% Al 0···2% Zn 0,05···0,5% Mn	Vollstangen, Profilstangen, Preßteile, Schmiedestücke	20···28	28···37	12···6	65···70	hohe Festigkeit, warm aushärtbar $\gamma = 1{,}8$ kg/dm³
(Mg-Zn)	Z 1 b	40	gelb-rot-blau	4···5% Zn 0···0,2% Mn	unbehandelt Bleche, Profile	12···15	24···28	18···14	50···60	mittlere Festigkeit, beschränkt schweißbar
Mg-Mn	AM 503	3501	gelb-rot	1,4···2,3% Mn	unbehandelt: Bleche, Bänder	10···15	20···24	15···3,5	40···50	gute Korrosionsbeständigkeit, gut schweißbar $\gamma = 1{,}8$ kg/dm³
	AM 537				unbehandelt: Stangen, Profile, Rohre, Preßteile	14···20	19···26	5···1,5		

Die eingeklammerten Legierungen entsprechen der früheren DIN 1717.

Tabelle 6. Magnesiumgußlegierungen nach DIN 1729 und (DIN 1717).

Gattung (Kurzzeichen)	Handelsbezeichnung (nicht genormt) Elektron	Handelsbezeichnung (nicht genormt) Magnewin	Kennfarbe	Legierungsbestandteile außer Mg	Festigkeitswerte: Zustand	Streckgrenze $\sigma_{0,2}$ kg/mm² (nicht genannt)	Zugfestigkeit σ_B kg/mm²	Bruchdehnung δ_{10} %	Brinellhärte H ($P = 10 D^2$) kg/mm²	Besondere Eigenschaften
G Mg-Al	A 8 K		gelb-blau	7,8···8,8% Al 0,1···0,8% Zn 0,1···0,5% Mn						dauer-, stoß- und warmfest $\gamma \sim 1,8$ kg/dm³
	A 9 V				Sandguß, warm behandelt	10···13	24···28	8···15	55	
	A 9 V				Kokillenguß, unbehandelt	10	16···20	2···5	55	
	AZ 91; A 8	3508			Kokillenguß, warmbehandelt	10···13	24···28	8···15	55	
G Mg-Al 3-Zn	AZ 31		gelb-schwarz	2,6···3,4% Al 0,6···1,4% Zn 0,1···0,5% Mn	Sandguß, unbehandelt	5···6,5	16···20	6···10	40	flüssigkeitsdicht $\gamma \sim 1,8$ kg/dm³
G Mg-Al 4-Zn	AZF		gelb-grün	3,3···4,1% Al 2,3···3,1% Zn 0,1···0,5% Mn	Sandguß, unbehandelt	7···9	17···21	5···9	45	stoßfest $\gamma \sim 1,8$ kg/dm³
G Mg-Al 6-Zn	AZG		gelb-weiß	5,3···6,1% Al 2,3···3,1% Zn 0,1···0,5% Mn	Sandguß, unbehandelt	9···11	16···20	3···6	50	gute Dauerfestigkeit $\gamma \sim 1,8$ kg/dm³
(G Mg-Mn)	AM 503		gelb-rot	1···2,5% Mn	Sandguß, unbehandelt	3	8···11	2···5	35···40	korrosionsbeständig, gut schweißbar
(G Mg-Si)	CM Si		gelb-rot-schwarz	0,5···2% Si	Sandguß, unbehandelt	5···6	9···13	1···4		flüssigkeitsdicht

Die eingeklammerten Legierungen entsprechen der früheren DIN 1717.

graubraune Farbe zeigt. Silumin zeigt auch, wenn es ohne Flußmittel mit dem Schweißbrenner erhitzt wird, einzelne hell leuchtende Stellen, was bei anderen graubraun beizenden Legierungen nicht der Fall ist. Eine weitergehende Unterscheidungsmöglichkeit von Al-Legierungen ist durch die von BOSSHARD[1] angegebenen Ätzmittel möglich, die in Tabelle 7 zusammengestellt sind.

Tabelle 7. Unterscheidung von Leichtmetallegierungen.

	Gattung	Beizung mit 20 proz. Natronlauge	Nach Beizung mit Natronlauge behandelt mit: 5 proz. Salzsäure	Nach Beizung mit Natronlauge behandelt mit: 30 proz. Salpetersäure	Behandlung mit Kadmiumsulfatlösung[2] ohne Beizung
Al und Al-Legierungen	Reinaluminium	Weißbeizung	keine Veränderung	keine Veränderung	kein oder schwacher Angriff
	Al-Cu[3]	Schwärzung	Schwärzung bleibt	} Schwärzung verschwindet	} grauer Niederschlag
	G Al-Zn-Cu[3]	Schwärzung	Schwärzung löst sich teilweise		
	Al-Cu-Ni	Schwärzung	Schwärzung bleibt		
	G Al-Si	Graubraunfärbung	Färbung bleibt	Färbung bleibt	} kein oder nur schwacher Angriff
	G Al-Si-Cu	Schwärzung	Schwärzung bleibt	Schwärzung verschwindet teilweise	
	Al-Mg-Si	Graubraunfärbung	Färbung bleibt	Färbung bleibt	
	Al-Mg	Weißbeizung	keine Veränderung	keine Veränderung	grauer Niederschlag
Mg-Legierung	Mg-Al	kein Angriff	starker Angriff	starker Angriff	grauer Niederschlag

6. Eigenschaften der Leichtmetalle, die die Schweißung beeinflussen. Die schweißtechnischen Eigenschaften der Leichtmetalle sind gegenüber denen von Stahl und Eisen sehr unterschiedlich. Nur bei ihrer genauen Beachtung können Mißerfolge vermieden werden.

Zunächst haben die Leichtmetalle eine wesentlich höhere *Wärmeleitfähigkeit* als Eisen, die z. B. beim Aluminium das Fünffache beträgt (bezogen auf 300° Meßtemperatur). Bei den Mg-Legierungen ist die Wärmeleitfähigkeit etwas geringer. Durch die Ableitung von der Schweißstelle geht die Wärme nicht nur für den Schweißprozeß verloren, sondern ruft, unterstützt durch die hohe Wärmeausdehnungszahl der Leichtmetalle, auch schädliche Spannungen und Verwerfungen im Werkstück hervor. Trotz des niedrigen Schmelzpunktes erfordern die Leichtmetalle also eine hohe Wärmezufuhr. Durch geeignete Unterlagen kann die Wärmeableitung von der Schweißstelle auf ein erträgliches Maß begrenzt werden.

Bei der Erhitzung gehen die Leichtmetalle nicht wie Stahl und Eisen allmählich, sondern fast plötzlich in den flüssigen Zustand über. Diesem Umstande muß bei den Widerstandsschweißungen Rechnung getragen werden. Im erhitzten Zustande haben die Leichtmetalle eine starke Neigung zur Sauerstoffaufnahme, und die entstehenden Oxyde verhindern ein Zusammenfließen des schmelzenden Metalls. Aber

[1] BOSSHARD: Einfache Methode zur Unterscheidung der gebräuchlichen Leichtmetall-Gußlegierungen. Aluminium 1935, S. 13.

[2] Kadmiumsulfatlösung = 5 g Kadmiumsulfat + 10 g Kochsalz + 20 cm³ konz. Salzsäure + 100 cm³ Wasser.

[3] In DIN 1725 nicht mehr aufgeführt.

auch *an der Luft* überziehen sie sich mit einer *hauchdünnen, natürlichen Oxydschicht*, die sie vor weiterem atmosphärischen Angriff und gegen die Einwirkung verschiedener Säuren schützt. Diese Oxydhaut, durch die die Leichtmetalle als technischer Baustoff überhaupt erst verwendbar werden, verhindert aber eine einwandfreie Schweißung, da sie sehr zähe ist und ihr *Schmelzpunkt erheblich höher* als der des Metalles selbst liegt. So ist z. B. der Schmelzpunkt des Aluminiums 658°, der seines Oxydes aber 2050°. Die Oxydhaut wird bei den Schmelzschweißungen auf physikalisch-chemischem Wege durch sog. Flußmittel gelöst und bei den Preßschweißungen mechanisch zerstört.

Um die Leichtmetalle auch gegen diejenigen Säuren und Laugen — bei den Magnesiumlegierungen auch die Luftfeuchtigkeit —, gegen welche sie die natürliche Oxydhaut nicht schützt, unempfindlich zu machen, wird durch Beizen auf ihrer Oberfläche eine besondere Schutzschicht erzeugt. Beim Aluminium und seinen Legierungen wendet man auch ein elektro-chemisches Oberflächenoxydationsverfahren, das sog. Eloxalverfahren, an, mit dem Schutzschichten von 0,001 bis 0,02 mm erzeugt werden können. Diese lassen auch eine Färbung zu und zeichnen die mit ihnen versehenen Gegenstände, z. B. Tür- und Schaufensterrahmen, durch besondere architektonische Wirkung aus. Auch diese Schutzschichten können bei Schmelzschweißungen durch Flußmittel gelöst werden. In vielen Fällen empfiehlt sich eine Oberflächenbehandlung erst nach dem Schweißen.

Über die Isolierung der Leichtmetalle gegen Schwermetalle s. Abschn. 55.

Durch die Ausglühwirkung der Schweißwärme geht die durch Kaltwalzen bzw. Aushärtung erreichte Festigkeitssteigerung zum Teil wieder verloren. Bei der Schweißung der betreffenden Leichtmetallegierungen und beim Entwurf geschweißter Bauteile aus ihnen muß diese Tatsache entsprechend berücksichtigt werden. Durch geeignete Nachbehandlung können die Festigkeitswerte wieder erhöht werden. Dann ist auch die Ausglühwirkung bei den einzelnen Schweißverfahren verschieden groß.

II. Die Gasschmelzschweißung[1].

7. Wirkungsweise und schweißbare Legierungen. Die Gasschmelzschweißung oder Autogenschweißung besteht darin, daß mit Hilfe einer Stichflamme aus einem Brenngas und Sauerstoff die Enden oder Kanten der zu verschweißenden Metallstücke angeschmolzen werden und die Schweißnaht in der Regel mit Hilfe von Zusatzwerkstoff (Schweißdraht) aufgefüllt wird.

Die Gasschmelzschweißung kann für Reinaluminium, für sämtliche Aluminiumknet- und -gußlegierungen und auch für alle Magnesiumlegierungen angewandt werden. Sie eignet sich sowohl für die Anfertigung neuer Teile als auch für die Wiederherstellung gebrochener oder gerissener Leichtmetallstücke. Ebenso lassen sich Bleche oder Walzprofile mit Gußstücken von gleicher Legierung verschweißen.

8. Schweißflammen. Als Brenngas kommt vorwiegend Azetylen in Frage, das, mit Sauerstoff verbrannt, die höchste Flammentemperatur und die größte Schweißgeschwindigkeit ergibt. Wasserstoff, Benzol, Leuchtgas oder Propan können für dünne Bleche (unter 1 mm) benutzt werden; sie erleichtern mit ihren niedrigeren Flammentemperaturen dem weniger geübten Schweißer die Arbeit und verringern die Gefahr des Löcherbrennens. Aber sie haben nicht die starke Wärmekonzentration der Azetylenflamme, die sich bei der hohen Wärmeleitfähigkeit der Leichtmetalle vorteilhaft dahin auswirkt, daß die Erwärmungszone schmaler und die

---

[1] Vgl. Werkstattbuch Heft 13 „Die neueren Schweißverfahren". — Ricken: Grundzüge der Schweißtechnik. 2. Aufl. Berlin: Springer-Verlag 1949.

Verwerfungsgefahr dadurch verringert ist. Es sind aber auch an 0,1 mm dicken Aluminiumblechen kurze Schweißnähte einwandfrei mit der Azetylenflamme ausgeführt worden. Bei Schweißungen der Legierungsgattung Al-Mg und bei Mg-Legierungen wird die Azetylenflamme der Wasserstoffflamme vorgezogen. Schweißungen mit Wasserstoff an Al-Mg-Legierungen werden porös, und an dünnen Blechen aus Magnesiumlegierungen tritt bei Verwendung von Wasserstoff bei der Fortsetzung unterbrochener Schweißnähte eine starke Oxydation auf, gleichzeitig wird der Schmelzfluß beeinträchtigt. Dann ermöglicht Azetylen auch eine *genauere* Einstellung der Schweißflamme.

Tabelle 8. Brennergrößen.

Blechdicke	Brennergröße
bis 0,8 mm	0,2···0,5
0,8 ,, 1,5 ,,	0,5···1
1,5 ,, 3 ,,	1···2
3 ,, 6 ,,	2···4
6 ,, 9 ,,	4···6
9 ,, 14 ,,	6···9
14 ,, 20 ,,	9···14

Es können dieselben Brenner wie für die Stahlschweißung benutzt werden, jedoch mit dem Unterschiede, daß die Brennereinsätze beim Schweißen mit der Azetylen-Sauerstoff-Flamme im allgemeinen um *eine Nummer kleiner* gewählt werden als bei der Stahlschweißung (Tabelle 8). Für die Wahl der Brennergröße ist außerdem die Wärmeleitfähigkeit und der Schmelzpunkt der zu schweißenden Legierung und nicht zuletzt die Werkstückgröße ausschlaggebend. Kleinere Stücke, Werkstoffe mit niedrigerem Schmelzpunkt und geringerer Wärmeleitfähigkeit lassen nur einen kleineren Brennereinsatz zu, während größere mit höherem Schmelzpunkt und höherer Wärmeleitfähigkeit stärkere Brennereinsätze erfordern.

Häufig wird der Fehler gemacht, daß ohne genügende Vorwärmung geschweißt und zur Erzielung einer guten Bindung am Anfang der Naht mit einem zu großen Brenner gearbeitet wird, mit dem im weiteren Verlauf der Schweißung der Schmelzfluß zu groß wird und dann nicht mehr gehalten werden kann. Die Brennergrößen sind in Tabelle 8 für Blechdicken bis 20 mm zusammengestellt.

Der Sauerstoffdruck wird um 0,2···0,4 atü niedriger eingestellt als für die betreffende Brennergröße angegeben ist.

Die Schweißflamme wird mit *geringem Azetylenüberschuß* eingestellt. Diesen erkennt man daran, daß der äußere weiß leuchtende Flammenkegel nach Abb. 1 etwa 4- bis 5mal so lang ist als der innere bläuliche Flammenkegel. Auf *keinen Fall* darf mit *Sauerstoffüberschuß* gearbeitet werden!

Die in Abb. 2 dargestellte mehrstrahlige oder besenartige Flamme ist zum Schweißen ungeeignet und meist auf eine unsaubere Brennerdüse zurückzuführen.

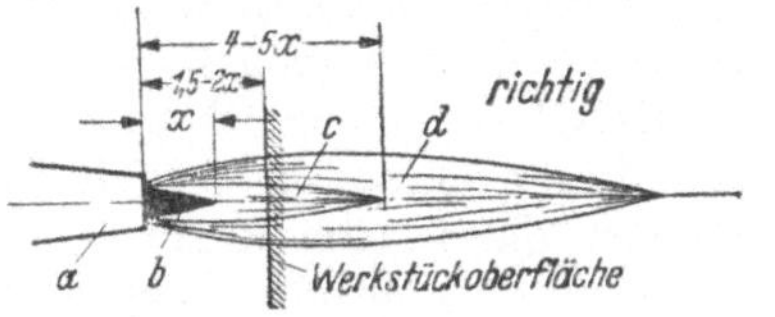

Abb. 1.

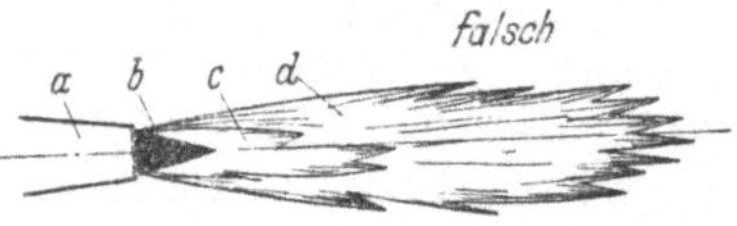

Abb. 2.

Abb. 1 u. 2. Richtiges und falsches Aussehen der Azetylen-Sauerstoff-Flamme.

a = Brennerdüse; b = innerer bläulicher Flammenkegel; c = äußerer weißer Flammenkegel; d = schwach leuchtende Hülle; x = Länge des inneren Kegels.

Für die Wasserstoffflamme werden Gleichdruckbrenner von derselben Größe wie bei Stahlschweißungen verwandt. Die Flamme muß so eingestellt werden, daß ein farbloser Kegel mit blauem Saum erscheint.

Die *Schutzbrille* soll zur einwandfreien Beobachtung der Schweißflamme und des Schmelzbades mit nicht zu dunklen, graugrünen Gläsern ausgestattet sein, mit denen man noch Zeitungsdruck lesen kann.

9. Flußmittel. Wie bereits gesagt, überziehen sich die Leichtmetalle an der Luft mit einer hauchdünnen, sehr dichten und festhaftenden Oxydhaut, die sich auch nach mechanischer Entfernung sofort wieder neu bildet. Bei höherer Temperatur verdickt sie sich. Da sie beim Schweißen eine Vereinigung der flüssigen Werkstückenden mit dem eingeschmolzenen Zusatzwerkstoff verhindert, muß sie *unbedingt entfernt* werden. Da der Schmelzpunkt des Metalloxydes erheblich höher als der des Metalles liegt — beim Aluminium liegt er über dreimal so hoch —, ist es bei der Schweißtemperatur nicht schmelzbar und im Gegensatz zu den meisten Schwermetalloxyden auch nicht mit einer reduzierenden Flamme zu lösen. Versuche, die Oxydhaut durch Rührbewegungen mechanisch zu zerstören, führten bei Schmelzschweißungen zu keinem befriedigenden Ergebnis, da in der Schweißnaht kleine Flitter zurückbleiben, die ihre Festigkeit verringern. Die einzige Möglichkeit, vorhandene Oxyde einwandfrei zu lösen und ihre Neubildung beim Schweißen zu verhindern, besteht in der Anwendung eines geeigneten *Flußmittels*. Eine Ausnahme bildet Siluminguß (G Al-Si), der ohne Flußmittel schweißbar ist.

Die Flußmittel bestehen chemisch aus Halogensalzen von Alkalien, besonders Chloriden und Fluoriden, z. B. Natrium-, Kalium-, Lithium- und Kalziumchlorid und -fluorid. An ein gutes Flußmittel werden folgende Anforderungen gestellt: gutes Lösungsvermögen für das jeweilige Metalloxyd, große Ausbreitfähigkeit, niedriges Raumeinheitsgewicht und eine Wirkungstemperatur, die etwa 50···100° unter dem jeweiligen Metallschmelzpunkt liegt. Beim Aufbringen in Pulverform muß es gut am Schweißstab haften und darf in der Flamme nicht verspritzen, es muß ungiftig sein und soll keine gesundheitsschädlichen Dämpfe oder Rauch entwickeln. Schließlich darf es sich bei vorschriftsmäßigem Lagern nicht zersetzen. Die für Mg-Legierungen verwandten Flußmittel sollen auch ein Brennen des schmelzflüssigen Metalles verhindern.

Die *üblichen* Flußmittel sind *hygroskopisch*, d. h. sie haben die Neigung, Wasser aus der Luft anzuziehen. Deshalb sollen einmal die Dosen oder Flaschen, in denen die Flußmittel geliefert werden, nach Entnahme wieder gut verschlossen und nach der Schweißung sämtliche Flußmittelreste sorgfältig entfernt werden. Auf letzteres wird in dem Abschnitt 14 „Nachbehandlung der Schweißnähte" noch näher eingegangen.

Es gibt auch nichthygroskopische oder *neutrale* Flußmittel. Beim Arbeiten mit diesen entstehen jedoch Dämpfe, die durch gute Lüftung entfernt werden müssen, da sie eine Reizwirkung auf die Schleimhäute ausüben. Außerdem sind sie teurer und für einige Legierungen, z. B. Al-Mg 5 bis Al-Mg 9, nicht verwendbar.

Da der Ausfall der Schweißung sehr von der Güte des Flußmittels abhängt, sollten nur erprobte Flußmittel verwandt werden. Als solche sind „Autogal"[1] und „Firinit"[2] zu nennen. Es muß noch darauf hingewiesen werden, daß manche Flußmittel, die sich zum Schweißen von Reinaluminium gut eignen, bei Al-Legierungen versagen. Selbstverständlich müssen auch zum Schweißen von Mg-Legierungen besonders zusammengesetzte Flußmittel angewandt werden. Eine Übersicht über die bei den verschiedenen Legierungen zu wählenden Flußmittel enthält Tabelle 9.

Für die gewöhnliche Blechschweißung von *Aluminium* und *Aluminiumlegierungen* wird das Flußmittel in Form eines *Breies* verwandt, mit dem man die Ober- und Unterseite und Kanten der Naht sowie den Schweißdraht bestreicht. Für Reinaluminium genügt in der Regel das Bestreichen des Schweißdrahtes.

Der Flußmittelbrei wird mit *weichem* Wasser (am besten Regen- oder Kondenswasser) in einer Porzellan- oder Steingutschale angerührt. Er soll nicht zu dünn sein und auch nicht über Nacht stehen bleiben. Man soll immer nur so viel Brei anrühren, wie man zu der gerade vorliegenden Arbeit benötigt. Schale und Auf-

[1] Griesheim-Autogen, Frankfurt a. M.

[2] Dr. L. Rostosky, Metallochemische Fabrik, Goslar/Harz und Berlin NW 87.

tragspinsel sind stets *sauber* zu halten. Auch soll man die Werkstücke nach dem Bestreichen nicht längere Zeit liegen lassen. Nur bei Blechen von 6 mm Dicke an und bei kurzen Nähten von wechselndem Querschnitt, z. B. an starken Profilen und Gußstücken, arbeitet man meist mit trockenem, pulverförmigem Flußmittel, das mit dem heißen Schweißdraht zugeführt wird. Diesen soll man jedoch *nie* in das *Aufbewahrungsgefäß* tauchen, da dann das Schweißpulver klumpig wird und an Wirksamkeit verliert.

Tabelle 9. Flußmittel.

Gattung	Autogal	Firinit
Reinaluminium	A	Supra Nr. 21
Al-Mg	D, Hydrogal	Magna Nr. 41
Al-Mg-Mn . .	D	Magna Nr. 41
Al-Si [1]	D	Supra Nr. 21
Al-Mn	D	Supra Nr. 21
Al-Cu-Mg . .	A, N	Magna Nr. 41
Al-Cu-Ni . .	A, N	Magna Nr. 41
Al-Cu [1] . . .	A	Supra Nr. 21
Al-Mg-Si . .	A, N	Magna Nr. 41
Al-Gußlegierungen .	D	Supra Nr. 21
Mg-Knetlegierungen .	Elektrogal	Magna Nr. 41
Mg-Gußlegierungen .	Elektronfluß IV	EG Nr. 42

Beim Schweißen von *Magnesiumlegierungen* bis zu 2,5 mm Blechdicke werden flüssige Schweißmittel und für größere Blech- bzw. Wanddicken Flußmittel in Pulverform oder als Brei angerührte Pasten verwandt.

Um beim Schweißen von Mg-Gußlegierungen Korrosionserscheinungen in Form von Salzausblühungen, die durch den Einschluß von Flußmittelresten in Feinlunkern entstehen, zu vermeiden, muß man mit völlig chloridfreien Flußmitteln, die also ausschließlich Fluoride enthalten, arbeiten[2]. Das Arbeiten mit solchen Flußmitteln ist aber schwieriger als mit den üblichen.

10. Schweißdrähte. Für die Wahl der Schweißdrähte gilt die Regel: *Gleiches zu Gleichem.* Reinaluminium wird im allgemeinen mit Reinaluminiumdraht geschweißt. Dieser soll garantiert rein und insbesondere frei von Kupfer sein. Beim Eintauchen in eine heiße 10proz. Natronlauge (1 Minute lang) darf der Draht nicht grau oder schwarz werden, sondern muß silberweiß bleiben. Für die Schweißung von Nähten, bei denen ein Abhämmern schwierig oder unmöglich ist, verwendet man zur Kornverfeinerung Schweißdrähte mit geringem Titanzusatz.

Im Notfalle können an Stelle von Schweißdrähten auch schmale Blechstreifen aus demselben Werkstoff verwendet werden; diese ergeben aber meist nicht so saubere Nähte wie Schweißdraht. Auf keinen Fall soll man sich durch Umgießen von Abfällen selbst Drähte herstellen, da diese dann fast immer unbekannte Legierungsbestandteile enthalten.

Auch zum Schweißen von Aluminium- und Magnesiumlegierungen werden im allgemeinen Schweißdrähte von gleicher Zusammensetzung wie der Grundwerkstoff verwandt. Nur die Gattung Al-Mg-Si kann zur Verminderung der Warmrißempfindlichkeit mit Aluminiumdrähten geschweißt werden, die 5% Si enthalten; die Schweißnaht sieht dann dunkler aus.

Um bei Wiederherstellungsschweißungen an Gußstücken die geeignete Schweißdrahtsorte herauszufinden, stellt man die Zusammensetzung der betreffenden Gußlegierung mit Hilfe der im Abschn. 5 beschriebenen Tüpfelprobe fest. Auf *keinen Fall* dürfen *Gußstücke* mit Drähten aus *Reinaluminium* geschweißt werden, da

[1] In DIN 1725 nicht mehr aufgeführt.

[2] K. Graszmann: Über die Grundlagen des Schweißens von Magnesiumlegierungen. Die Gießerei 1943, S. 106···110 u. S. 129···132.

dieses einen höheren Schmelzpunkt als die Legierungen hat und die Schweißstelle infolge Überhitzung leicht zusammenfallen kann.

Der Durchmesser des Schweißdrahtes ist gleich der Werkstoffdicke zu wählen. Gebräuchliche Schweißdrahtdurchmesser sind 2, 3, 5, 8 und 10 mm. Für Bleche unter 2 mm Dicke verwendet man Schweißdrähte von 2 mm Durchmesser, soweit hierbei überhaupt mit Zusatzwerkstoff gearbeitet wird.

Um zu vermeiden, daß Walz- oder Ziehhautschlacke in die Schweißnaht gelangt, ist die Verwendung *gebeizter* Drähte zu empfehlen. An ihnen haftet auch das Flußmittel besser als an ungebeizten.

11. Vorbereitung der Werkstücke. Die üblichen Nahtformen für Al und Al-Legierungen sind in Abb. 3···7 dargestellt. Die Bördelnaht (Abb. 3) kommt bei Aluminium und Aluminiumlegierungen für Bleche bis 1,5 mm, bei Magnesiumlegierungen für Bleche bis 1 mm in Frage. Die Bördelhöhe *h* soll etwa 2 mm betragen. Für die Güte und Gleichmäßigkeit der Schweißnaht ist es wichtig, daß die Bördelung *scharfkantig* ist, überall gleiche Höhe hat und geradlinig verläuft. Am besten wird sie auf einer Abkantmaschine hergestellt; Handbördelungen kommen nur für kurze Bleche in Frage. Bleche aus Mg-Legierungen warm bördeln!

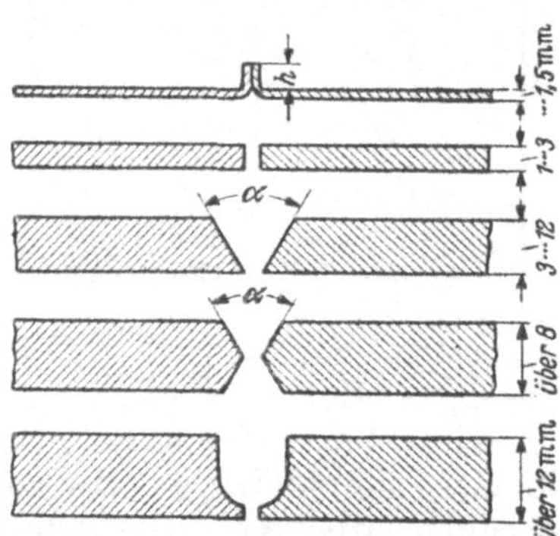

Abb. 3···7. Vorbereitung der Werkstücke bei Aluminium und Aluminiumlegierungen.

Bleche von 1···3 mm werden *ohne Abschrägung* der Kanten geschweißt (I-Stoß, Abb. 4). Ein *geübter* Schweißer kann auch Bleche bis 0,8 bzw. 0,6 mm, je nach Legierung, stumpf mit Drahtzusatz verschweißen. Bei Blechdicken von 3···12 mm werden die Kanten *einseitig* mit der Feile oder durch Hobeln *abgeschrägt*, es entsteht die V-Naht nach Abb. 5. Der Schweißfugenwinkel *α* soll etwa 60° betragen; größere Winkel, die im Schrifttum bis zu 90° angegeben sind, erfordern mehr Schweißdraht und ergeben stärkere Verziehungen. Von 8 mm Blechdicke an aufwärts kann, falls von beiden Seiten geschweißt werden kann, die X-Naht mit *beiderseitig abgeschrägten* Blechkanten nach Abb. 6 angewandt werden. Diese hat gegenüber der V-Naht den Vorteil, daß sie weniger Schweißdraht und auch weniger Gas erfordert. Da die Querschrumpfung von Vorder- und Rücknaht annähernd gleich ist, treten quer zur Naht kaum Verziehungen auf. Vor dem Schweißen der Rücknaht muß die Wurzel der Vordernaht gründlich von Flußmittelrückständen gereinigt werden. Stehende Bleche können beiderseits gleichzeitig mit zwei Brennern geschweißt werden. Es ergeben sich dann infolge der besseren Wärmeausnutzung höhere Schweißgeschwindigkeiten.

Ist bei Blechen über 12 mm Dicke die Rückseite der Naht unzugänglich, z. B. bei dickwandigen Rohren, dann wendet man die U- oder *Tulpennaht* nach Abb. 7 an. Sie hat den Vorteil einer nahezu gleichbleibenden Schrumpfung über den ganzen Querschnitt. Die Bearbeitung der Schweißkanten muß bei geraden Nähten durch Hobeln, bei Rundnähten an Rohren durch Drehen erfolgen.

Überlappt- und Kehlnähte eignen sich *nicht* für die Gasschmelzschweißung; sie können nur mit der Lichtbogenschweißung hergestellt werden. In die Überlappungsfuge *a* der Abb. 8 bzw. in die Fuge zwischen dem senkrechten und waagerechten Blech bei der ⊥-Schweißung nach Abb. 9 dringt leicht Flußmittel ein, das nicht wieder entfernt werden kann und zu Korrosionen Anlaß gibt. Außerdem tritt infolge der Blaswirkung der Schweißflamme ein Durchsacken des Werkstoffes ein, das zu Ausbeulungen auf der Rückseite führt. Der T-Stoß wird entweder als Dreiblechnaht nach Abb. 10 oder unter Zuhilfenahme eines gewalzten T-Profiles nach Abb. 11 ausgeführt. Ecknähte können nach Abb. 12 ohne Schwierigkeiten gasgeschweißt werden.

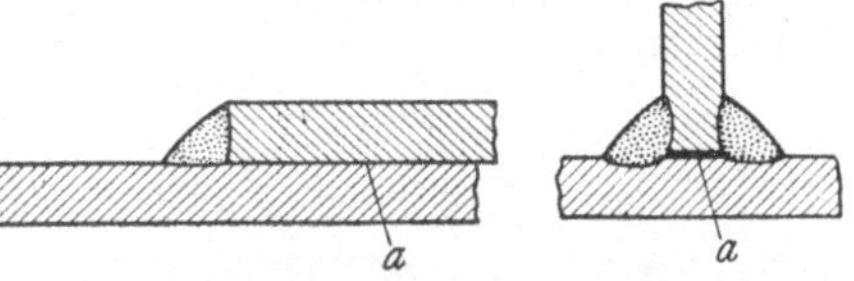

Abb. 8. Abb. 9.
Abb. 8 u. 9. Überlappt- und Kehlnähte eignen sich nicht für die Gasschmelzschweißung. a = Zwischenfuge.

Bleche aus *Magnesiumlegierungen* müssen vor dem Schweißen gründlich gereinigt werden. Öl- und Fettrückstände werden mit Benzin oder Tetrachlorkohlenstoff — letzteres Mittel ist nicht brennbar — entfernt. Die Schweißkanten müssen mit einer Stahldrahtbürste oder einem Schaber von der Beiz- und Oxydschicht befreit werden. Die Schweißkanten werden wie beim Aluminium und seinen Legierungen vorbereitet. Abweichend hiervon wird jedoch von einigen Fachleuten vorgeschlagen, die Fugenwinkel bei V- und X-Nähten größer zu wählen, etwa 70···90° (Abb. 14 und 15), um auch mit weniger geübten Schweißern ein gutes Durchschweißen zu erreichen und Flußmitteleinschlüsse zu vermeiden.

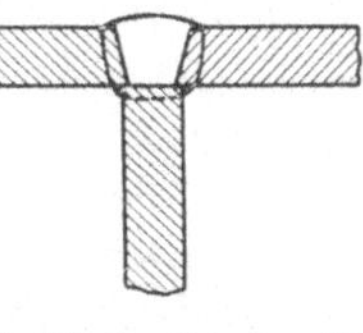
Abb. 10. Dreiblechnaht.

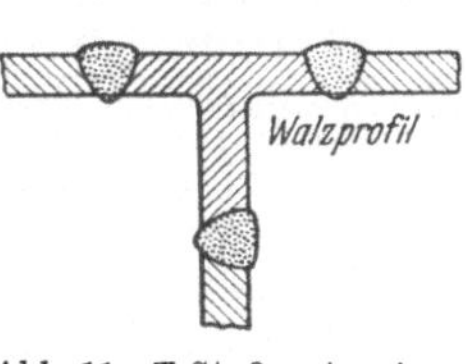

Abb. 11. T-Stoß unter Anwendung eines Walzprofiles.

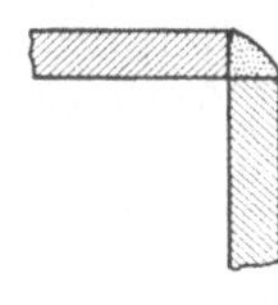
Abb. 12. Ecknaht.

12. Ausführung der Schweißarbeit. Nachdem die Werkstücke in der angegebenen Weise vorbereitet und gut angepaßt sind und die Umgebung der Schweißstelle von Öl- und Fettrückständen gereinigt ist, wird auf die Ober- und Unterseite des Werkstückes sowie die Schweißkanten mit einem sauberen Pinsel der Flußmittelbrei *sparsam* aufgetragen. Bei zu reichlichem Flußmittelzusatz tritt starke Schlackenbildung ein.

Abb. 13. 0,8···3 mm
Abb. 14. 70°···90° 3,5···15
Abb. 15. 70°···90° über 15 mm

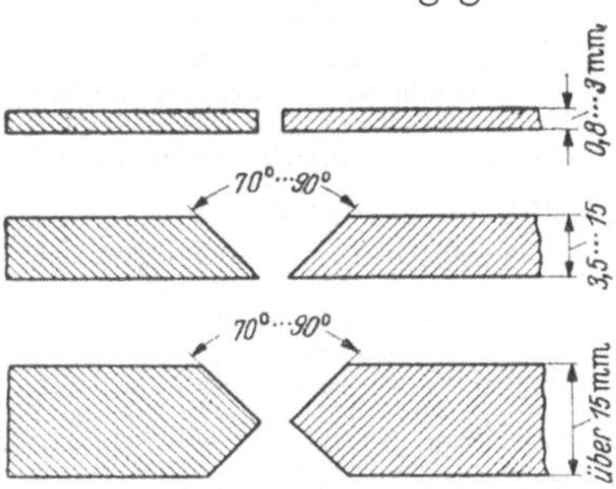

Abb. 13···15. Vorbereitung der Werkstücke bei Magnesiumlegierungen.

Die Werkstücke werden nach Abb. 16 so aufgelagert, daß die Schweißnaht *hohl* liegt. Hierdurch erreicht man ein gutes Durchschweißen, vermeidet Überhitzungen und bei Magnesiumlegierungen Verbrennungen an der Unterseite des Werkstückes.

Als Unterlage nimmt man schlechte Wärmeleiter (feuerfeste Steine oder Asbest), um die Wärmeableitung gering zu halten. Dieselben dürfen aber zur Vermeidung von Wärmestauungen, die bei Al-Mg-Legierungen mit höherem Mg-Gehalt zu Blasenbildungen führen können[1], nicht unmittelbar unter der Schweißnaht liegen. Dünne Bleche werden in einer entsprechenden Spannvorrichtung gehalten.

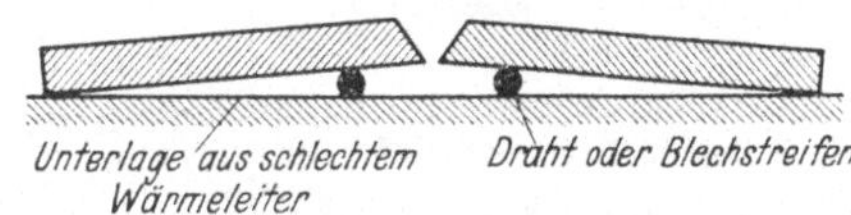

Abb. 16. Lagerung der Werkstücke zum Schweißen.

[1] TH. RICKEN u. H. GAGEL: Blasenbildung beim Gasschweißen der Aluminiumlegierung Al-Mg 7. Z. d. VDI 1943. S. 509.

Werkstücke aus *Reinaluminium* und *Aluminiumlegierungen* müssen wegen der hohen Wärmeleitfähigkeit durch kreisende Bewegungen des Brenners um die Schweißstelle je nach Dicke des Bleches auf 200···350° *vorgewärmt* werden. Die richtige Vorwärmtemperatur erkennt man am einfachsten daran, daß ein Stück Würfelzucker, mit dem das Werkstück betupft, bei 200° nach 5 Sekunden gelblich und bei 300° sofort goldgelb wird. Bei 350° hinterläßt ein Fichtenholzspan bei langsamem Reiben einen hellbraunen Strich.

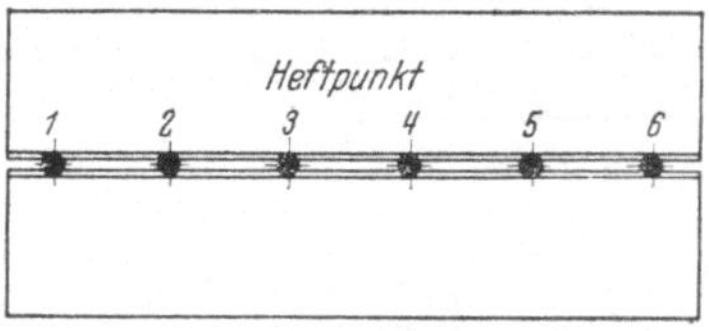

Abb. 17. Heften der Werkstücke. Die Zahlen geben die Reihenfolge der Heftpunkte an.

Beim Verschweißen von Stücken ungleichen Querschnittes muß das dickere stärker vorgewärmt und gegen Abwanderung der Wärme isoliert werden, während das dünnere Stück nur schwach vorgewärmt und u. U. sogar durch unter-oder aufgelegte Metallstücke gekühlt wird. Das Erreichen der Schweißtemperatur erkennt man am Schmelzen und Ausbreiten des Flußmittels und durch Anreiben der Naht mit dem Schweißdraht.

Auch beim Schweißen von *Magnesiumlegierungen* empfiehlt sich eine *leichte Vorwärmung.*

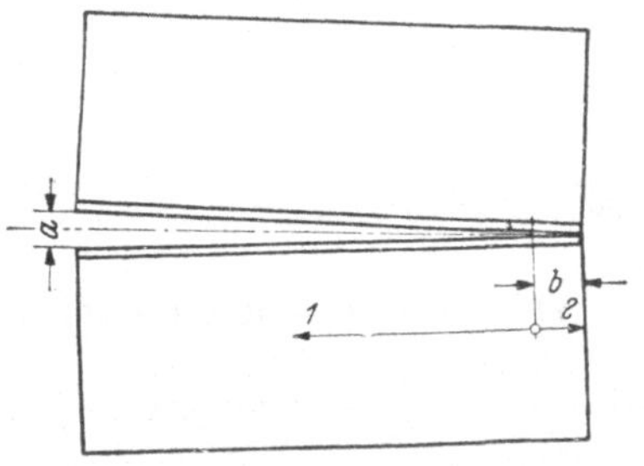

Abb. 18. Keilstellung bei dickeren Blechen. a = Keilmaß; 1 u. 2 = Schweißfolgen.

Dünne Bleche werden vor dem Schweißen geheftet. Der Abstand der Heftpunkte beträgt bei Aluminium und Aluminiumlegierungen etwa die 50fache Blechdicke; bei Magnesiumlegierungen müssen die Heftpunkte wegen der starken Formänderungen beim Schweißen erheblich enger gesetzt werden (1···3 cm). Die Reihenfolge der Heftpunkte ist in Abb. 17 angegeben.

Dickere Bleche werden nicht geheftet, sondern nach Abb. 18 keilförmig auseinandergelegt. Das Keilmaß a beträgt etwa 20 mm auf 1 m. Der erweiterte Schweißspalt kann durch Vorrichtungen nach Abb. 19 und 20 gehalten werden.

Nach dem Heften wird das Werkstück, falls erforderlich, mit dem Holzhammer nachgerichtet und nochmals Flußmittel aufgetragen, auch auf die Heftpunkte. Mit dem Schweißen beginnt man mit Rücksicht auf Wärmespannungen nicht unmittelbar am Nahtende, sondern in einem kleinen Abstande b von diesem (Abb. 18), der bei Aluminium und seinen Legierungen etwa 5 cm, bei Magnesiumlegierungen etwa 1···2 cm beträgt. Bei den Magnesiumlegierungen von der Gattung Mg-Mn können Nähte von beliebiger Länge hergestellt werden. Alle anderen Mg-Legierungen neigen bei Nähten von mehr als 150···200 mm zur Schweißnahtrissigkeit. Sie eignen sich daher nicht für Blechschweißungen, sondern nur für Gerüstkonstruktionen aus Profilen oder Rohren, an denen nur kurze Nähte vorkommen.

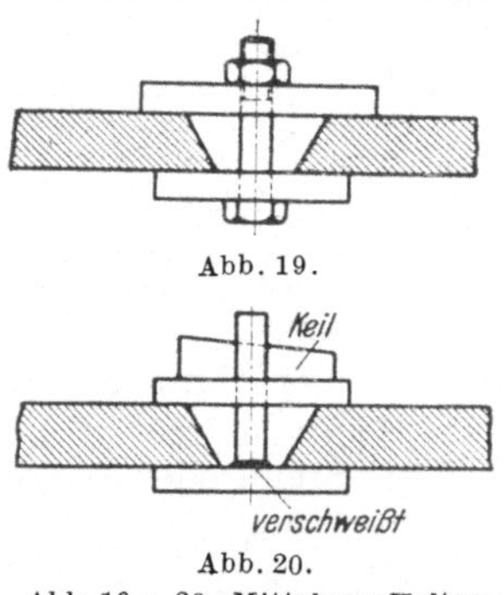

Abb. 19.

Abb. 20.

Abb. 19 u. 20. Mittel zum Halten des Schweißspaltes.

Als *Schweißverfahren* ist vorwiegend die Nachlinksschweißung nach Abb. 21 üblich. In der Schweißrichtung wird der Brenner um 80···45° zum Werkstück geneigt, während er über dem Nahtquerschnitt senkrecht steht. Die größeren Winkel kommen am Anfang, die kleineren Winkel am Ende der Naht in Frage, wo die Erhitzung des Bleches infolge der voreilenden Wärme zunimmt. Bei geringen Blechdicken wird der Brenner geradlinig längs der Schweißnaht (Abb. 22), bei dickeren Blechen in pendelnder Bewegung geführt (Abb. 23). Der Abstand der Brennerspitze beträgt bei der Azetylen-Sauerstoff-Flamme das 1,5···2fache des inneren blaugrauen Flammenkegels (etwa 5···15 mm), bei der Wasserstoffflamme soll er 15···25 mm betragen. Bei verschieden dicken Werkstücken muß die Flamme mehr auf das dickere Werkstück gerichtet sein, um ein Durchschmelzen des dünneren zu vermeiden.

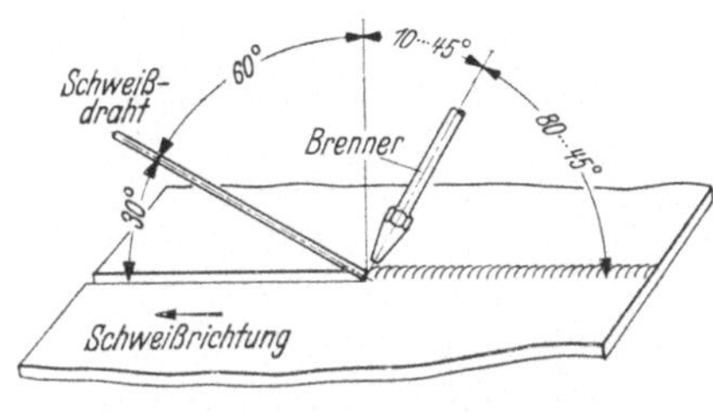

Abb. 21. Schema der Nachlinksschweißung.

Beim Schweißen von *Bördelnähten*, welches ohne Zusatzdraht erfolgt, müssen die Kanten (Abb. 24) so weit heruntergeschmolzen werden, daß die Naht und das Blech in einer Ebene liegen (Abb. 25). Die Kanten müssen an der Schweißstelle eng zusammenliegen, weil sonst flüssiger Werkstoff durchläuft und ein Loch entsteht. Am besten drückt man die Kanten mit einer Flachzange zusammen, die mit Rücksicht auf Wärmeableitung jeweils 6···10 cm vor der Schweißstelle angreifen soll. Der Brenner muß nach Abb. 26 flach wie eine Meißelspitze gehalten werden.

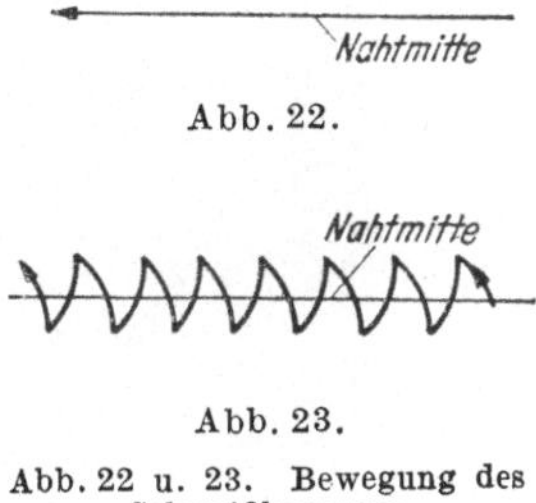

Abb. 22 u. 23. Bewegung des Schweißbrenners.

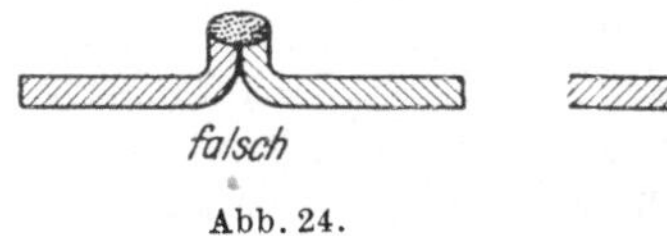

Abb. 24 u. 25. Schnitte durch Bördelnähte.

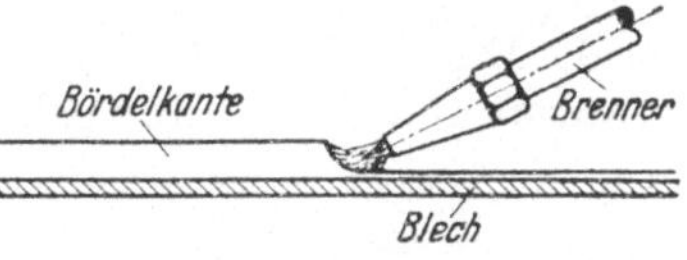

Abb. 26. Haltung des Brenners beim Schweißen von Bördelnähten.

Bei Mg-Legierungen kann außer der Nachlinksschweißung auch die Nachrechtsschweißung angewandt werden.

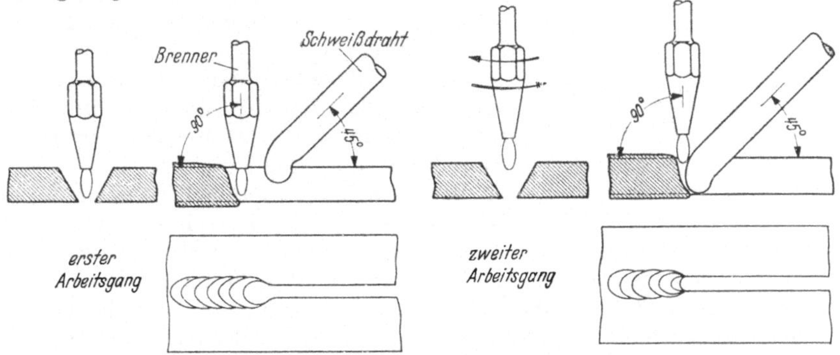

Abb. 27. Schweißung dickerer Bleche aus Aluminium und Aluminiumlegierungen.

Auch bei dickeren Stücken aus Al und Al-Legierungen wird öfters die Nachrechtsschweißung empfohlen. Sie gibt zwar eine kleinere Erwärmungszone als die Nachlinksschweißung und erleichtert das Zusammenfließen des Schweißwerkstoffes an der Unterseite. Es ist aber sehr schwierig, mit ihr ein gleichmäßiges Durchfließen des Werkstoffes an der Nahtwurzel zu erreichen. Auch kann man nicht leicht ohne Herausnehmen und Wiedereintauchen des Drahtes den Schmelzfluß regeln. Bewährt hat sich hier eine Art der Nachlinksschweißung, die von der üblichen abweicht (Griesheimer Schweißart, Abb. 27). Bei ihr wird der Brenner senkrecht und der Draht unter 45° zur Blechoberfläche geführt. Geschweißt wird in zwei sich ständig wiederholenden Arbeitsgängen. Im ersten Arbeitsgang wird der Schweißspalt mit dem tief in die Fuge gehaltenen Brenner kraterförmig erweitert

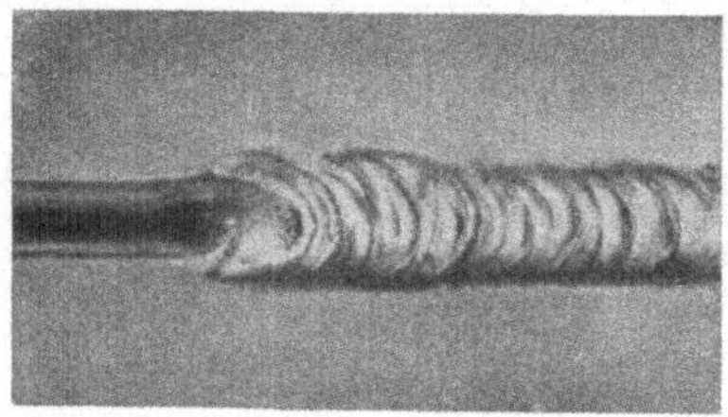

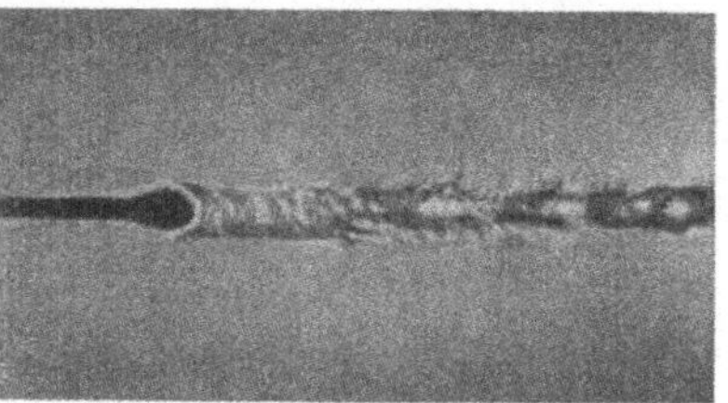

Abb. 28. Ober- und Unterseite einer nach dem Verfahren der Abb. 27 geschweißten Naht an 6 mm dicken Al-Mg-Blechen.

und der Draht im Bereich der Beiflamme gehalten. Nach dem Anschmelzen der Unterkanten der Schweißfuge wird im zweiten Arbeitsgang der Brenner etwas nach oben gezogen, während der Draht in das Schmelzbad gesenkt und abgeschmolzen wird. Durch Pendelbewegungen des Brenners werden die Blechkanten genügend erwärmt und einwandfrei gebundene Übergänge geschaffen. Abb. 28 zeigt die Ober- und Unterseite einer nach dieser Schweißart ausgeführten unterbrochenen Naht an einem 6 mm dicken Blech der Gattung Al-Mg. Der Vorteil dieser Schweißart liegt in der gleichmäßigen Bindung der Nahtwurzel, ohne daß der Schweißwerkstoff stark durchsackt, und in der schmalen Erwärmungszone. Sie hat sich auch bei Legierungen mit großem Erstarrungsbereich z. B. Al-Mg 7 und Al-Mg 9 als günstig erwiesen. Allerdings bekommt man nicht so glatte Nahtoberflächen wie bei der normalen Nachlinksschweißung.

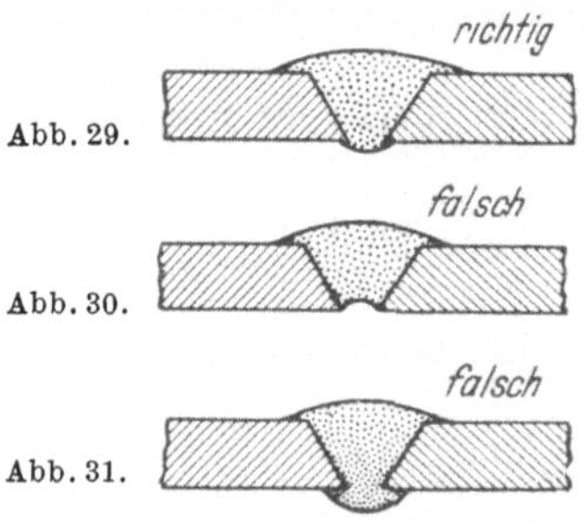

Abb. 29···31. Richtig und falsch geschweißte Stumpfnähte. Abb. 29. Richtig geschweißt; Abb. 30. Ungenügend durchgeschweißt; Abb. 31. Mit zu großem Brenner oder zu langsam gechweißt.

Beim Schweißen von Al-Legierungen muß der Schweißer den *niedrigeren* Schmelzpunkt berücksichtigen, der bis über 80° unter dem des Reinaluminiums liegt.

Bei allen Leichtmetallen ist mit Rücksicht auf das Durchsacken des Schweißgutes und auf späteres Hämmern auf eine *gute Überhöhung* der Naht zu achten. In der Nahtwurzel muß das Metall richtig durchfließen, wie in Abb. 29 dargestellt ist. Bei der Naht nach Abb. 30 ist das Schweißgut ungenügend durchgeflossen, weil entweder mit zu kleiner Flamme oder zu schneller Brennerbewegung gearbeitet wurde. Hierdurch war die Erwärmung der Unterseite der Schweißnaht zu gering, und das Metall kam nicht hinreichend zum Fließen. Solche Schweißungen neigen infolge der Kerbe an der Nahtunterseite zu Dauerbrüchen. Wird dagegen mit zu großem Brenner gearbeitet oder zu langsam geschweißt, dann entsteht die Naht nach Abb. 31, bei der leicht Überhitzungen und bei Magnesiumlegierungen sogar Brandstellen auftreten und Flußmittelteile eingeschlossen werden.

13. Schweißzeiten, Schweißdraht-, Flußmittel- und Gasverbrauch. Für die Vorausberechnung der *Schweißzeiten* können allgemein gültige Angaben nicht gemacht werden. Die Schweißzeiten stehen nicht in einem festen Abhängigkeitsverhältnis zur Blechdicke, sondern sind auch vom Schweißer, der Nahtart und nicht zuletzt von der Werkstückgröße abhängig. Bei großen Werkstücken ist infolge der stärkeren Wärmeabwanderung von der Schweißnaht die Schweißgeschwindigkeit, besonders am Anfang der Naht, geringer als bei kleineren Stücken.

Anhaltswerte für die reine Schweißzeit einschließlich Flammenregelung und Drahtwechseln, jedoch ohne Heften, Vorwärmen und Nachbehandlung kann man überschläglich wie folgt berechnen: Mit $a =$ Blechdicke in mm ist bei dünnen Blechen bis zu 1,5 mm Dicke die Schweißzeit $t = (12 \cdots 7)\, a$ min/m, bei Blechen von $2 \cdots 8$ mm Dicke ist $t = (3 \cdots 4)\, a$ min/m und bei Blechdicken von 10 mm an aufwärts ist $t \approx 5\, a$ min/m.

Das *Schweißdrahtvolumen* kann man aus dem theoretischen Nahtquerschnitt und der Nahtlänge berechnen. Hierzu kommt noch das Volumen der Nahtüberhöhung, dessen Anteil am Gesamtvolumen bei dünnen Blechen größer ist als bei dicken. Das Schweißdrahtgewicht beträgt bei V-Nähten ungefähr $G_D = 5a^2 + 20$ g/m Naht, bei X- und U-Nähten kann man mit geringeren Werten rechnen.

Tabelle 10. Schweißzeiten, Schweißdraht-, Flußmittel- und Gasverbrauch für Al-Bleche.

Blechdicke mm	Schweißzeit min/m Naht	Verbrauch an			
		Schweißdraht g/m Naht	Schweißpulver g/m Naht	Azetylen l/m Naht	Sauerstoff l/m Naht
0,5	5	—	5	4···6	2···3
1	7	25	8	8···12	4···6
2	8	50	10	20···30	10···15
3	10	75	13	40···60	20···30
4	13	100	15	75···120	38···60
5	18	150	17	130···190	65···95
6	23	2C0	18	200···250	100···125
8	32	340	20	400···500	200···250
10	45···50	500	22	600···800	300···400
12	65···70	680	24	1100···1300	550···650
15	100	1000	25	2000	1000

Der *Flußmittelverbrauch* nimmt nur wenig mit der Blechdicke zu. Überschläglich kann man ihn für Bleche über 2 mm Dicke bestimmen zu $G_F = (10 \cdots 12) + a$ in g/m Naht, worin wieder a die Blechdicke in mm ist.

Der *Gasverbrauch* hängt, ebenso wie die Schweißzeit, nicht nur von der Blechdicke, sondern auch vom Schweißer, der Nahtart und der Werkstückgröße ab. Bei einem Mischungsverhältnis Azetylen : Sauerstoff = 2 : 1 beträgt der Azetylenverbrauch überschläglich $V_A = (5 \cdots 8)\, a^2$ l/m Naht.

Für Al-Bleche von 0,5···15 mm Dicke sind die Anhaltswerte für Schweißzeit, Schweißdraht-, Flußmittel- und Gasverbrauch in Tabelle 10 zusammengestellt.

14. Nachbehandlung der Schweißnähte. Nach Beendigung der Schweißarbeit sollen die Stücke *langsam abkühlen*; jedes Abschrecken ist unbedingt zu vermeiden. Nur dünnwandige Magnesiumteile (bis zu 3 mm) können sofort nach der Schweißung zwecks Entfernung der Flußmittelreste mit kaltem Wasser abgewaschen werden. Besonders wichtig ist die langsame Abkühlung bei Legierungen mit großem Erstarrungsintervall und der dadurch bedingten Warmbrüchigkeit.

Zur *Entfernung* der *Flußmittelreste* müssen die Schweißnähte unter Zuhilfenahme einer Drahtbürste sorgfältig mit warmem Wasser gereinigt werden. Bei Hohlkörpern, wie Rohren, müssen die Flußmittelrückstände auch aus dem Inneren entfernt werden. Nur bei Verwendung neutraler Flußmittel kann die Reinigung unterbleiben.

Aluminium und seine Legierungen müssen außer mit Wasser auch noch mit einer 10proz. Salpetersäurelösung behandelt und dann mit reinem Wasser nachgespült werden. Anschließend werden die gereinigten Stücke getrocknet. Die Reinigung schwer zugänglicher Teile erfolgt durch Abblasen mit Dampf. Bei Magnesiumlegierungen werden die Schweißnähte mit einer Salpetersäure-Bichromat-Beize behandelt, mit heißem Wasser nachgespült und in heißer Luft schnell getrocknet. An dieser Stelle möge noch erwähnt werden, daß der Schweißer aus hygienischen Gründen nach der Arbeit und insbesondere vor dem Essen die Hände von Flußmittelresten reinigen muß.

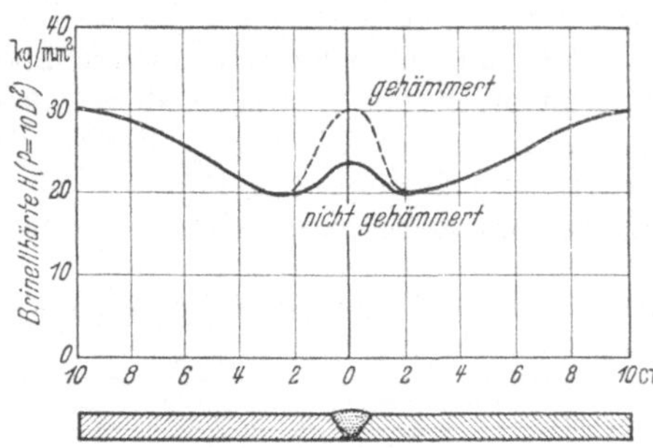

Abb. 32. Härteverlauf in und neben der Schweißnaht bei hartem Reinaluminium.

Über das *Nachhämmern* der Schweißnaht gehen die Meinungen vielfach auseinander. Bei Reinaluminium kann die *Festigkeit* der Schweißnähte durch *Kalthämmern* gesteigert werden. Bei starker Korrosionsbeanspruchung ist ein *Warmhämmern* bei etwa 350° zu empfehlen. Hierdurch werden die groben Kristalle zerstört und die Korrosionsbeständigkeit verbessert. Dagegen geht bei Kalthämmern ohne nachträgliches Ausglühen bei mindestens 400° die chemische Beständigkeit stark zurück; dies muß daher unbedingt vermieden werden. Zur Vermeidung von Spannungsrissen muß das Kalthämmern vorsichtig ausgeführt werden.

Bei den Al-Legierungen kann nur dann die Festigkeit der Schweißnaht durch Hämmern gesteigert werden, wenn der Bruch der ungehämmerten Schweißung in oder direkt neben der Naht erfolgt, wie dies zum Teil bei den Gattungen Al-Mg, Al-Cu-Mg, Al-Mg-Si (nachvergütet) der Fall ist. Bei den nicht nachvergüteten Al-Mg-Si-Legierungen ist ein Hämmern der Naht zwecklos, weil bei ihnen der Bruch stets in der ausgeglühten Zone, etwa 15···60 mm neben der Naht erfolgt.

Wenn bei der Legierung Al-Mg-Mn der Grundwerkstoff im weichen Zustande geschweißt wurde, kann durch Hämmern keine Festigkeitssteigerung erreicht werden, da die Schweißnaht schon ohne Nachbehandlung die Festigkeit des Bleches erreicht.

Bei hartgewalztem Reinaluminium, bei den durch Kaltwalzen verfestigten wie auch den durch Aushärtung vergüteten Aluminiumlegierungen tritt neben der Schweißnaht infolge der Erwärmung eine Erweichung und ein Festigkeitsrückgang auf. Bei vergütbaren Legierungen setzt infolge der raschen Abkühlung in der Schweißnaht eine Vergütungswirkung ein, so daß die geringste Festigkeit und Härte nicht in der Schweißnaht, sondern außerhalb dieser liegt, ähnlich wie Schaubild Abb. 32 für hartes Reinaluminium zeigt. Je schneller geschweißt wird, um so enger ist die Ausglühzone, die infolge des plötzlichen Festigkeitsabfalles wie eine Kerbe wirkt. Durch sachgemäße *Nachvergütung* können die vollen Festigkeitswerte des Ausgangswerkstoffes nahezu wieder erreicht werden. Vielfach ist aber eine Neuvergütung geschweißter Teile infolge zu großer Abmessungen nicht möglich, und dann muß mit der entsprechend geringeren Festigkeit gerechnet werden, und die Schweißnaht darf nicht an der höchstbeanspruchten Stelle liegen.

Bei aushärtbaren Al-Legierungen kann durch Hämmern der Schweißnaht vor der Nachvergütung die Verformbarkeit. verbessert werden.

Bei den Mg-Legierungen läßt sich durch Warmhämmern (Schmieden) bei etwa 300° das grobe Gußgefüge der Schweißnaht verfeinern und damit Festigkeit und Dehnung erheblich verbessern. Nähte von Mg-Al-Stücken dürfen wegen der Rißgefahr nicht geschmiedet werden. Vielfach ist bei Bauteilen aus Mg-Legierungen ein Nachrichten erforderlich, das bei etwa 300° mit dem Holzhammer vorgenommen wird. Nach dem Warmhämmern bzw. Nachrichten müssen die Nähte von neuem sorgfältig gereinigt und gebeizt werden, um späteren Korrosionen vorzubeugen.

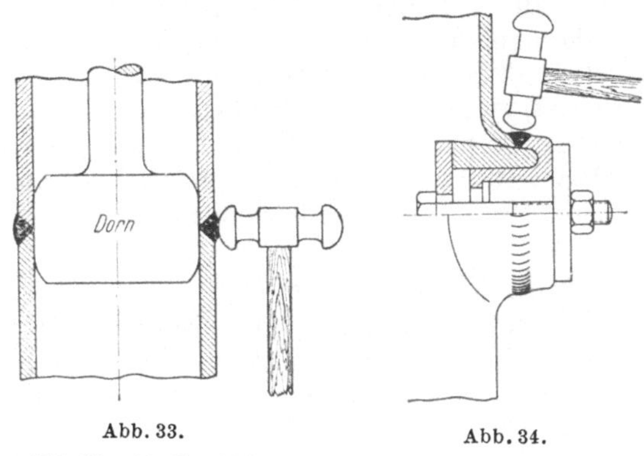

Abb. 33. Abb. 34.

Abb. 33 u. 34. Vorrichtungen zum Hämmern von Schweißnähten.

Damit die Werkstücke beim Hämmern nicht verformt oder beschädigt werden, muß dieses unter Benutzung geeigneter Vorrichtungen (Abb. 33 und 34) ausgeführt werden. Die Unterlagen bzw. Einlagen zum Hämmern müssen unbedingt sauber sein.

15. Das Schweißen von Gußteilen. Gußstücke aus Aluminium- und Magnesiumlegierungen sind gasschweißbar. Wenn auch die Gußschweißung keine grundsätzlichen Unterschiede gegenüber dem Schweißen von Knetlegierungen aufweist, so ist sie doch wegen der Gefahr von Schweißpulververschlüssen und Spannungsrissen schwieriger. Auf dem Gebiete der Schweißung von Mg-Gußlegierungen ist die Entwicklungsarbeit noch nicht abgeschlossen. Trotz Einhaltung der nachstehend gegebenen Anweisungen sind hier Fehlschweißungen nicht ausgeschlossen, und es muß daher jede Schweißarbeit sorgfältig nachgeprüft werden.

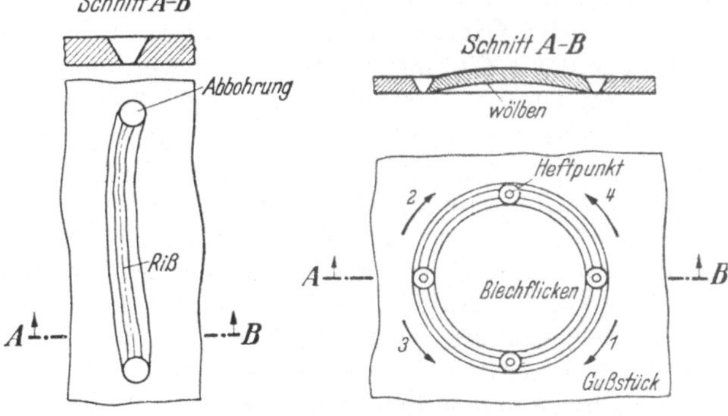

Abb. 35. Abbohren und Auskreuzen von Rissen bei Gußstücken.

Abb. 36. Einsetzen von Blechflicken. Die Zahlen und Pfeile geben Reihenfolge und Richtung der Teilnähte an.

Vor dem Schweißen müssen die beschädigten Gußstücke sorgfältig von Fett und Öl mit Benzin oder Tetrachlorkohlenstoff bzw. Trichloräthylen gereinigt werden. Etwa in die Poren eingedrungene Ölreste werden bei Al-Gußlegierungen ausgebrannt.

Risse werden an den Enden abgebohrt und zu einer V-förmigen Fuge nach Abb. 35 erweitert. Ausgebrochene Stücke werden durch entsprechende Blechflicken ersetzt, die nach Abb. 36 mit Rücksicht auf die beim Erkalten einsetzende Schrumpfung durchgewölbt werden. Die Nähte werden in mehreren Absätzen in der angegebenen Reihenfolge 1, 2, 3, 4 geschweißt. Irgendwelche Schwermetallteile sind aus der Nähe der Schweißstelle zu entfernen. Die Schweißstellen sind metallisch blank zu machen.

Jedes Gußstück muß, zumindest an der Schweißstelle, vorher *angewärmt* werden. Nur bei Schweißstellen, die an der Außenkante des Stückes liegen und bei kleineren Stücken aus Mg-Legierungen genügt ein Anwärmen mit dem Schweißbrenner; in allen anderen Fällen muß das ganze Stück in einem geeigneten Glühofen oder im Holzkohlenfeuer vorgewärmt werden. Im letzteren Falle werden um das Gußstück in etwa 10 cm lichtem Abstand von diesem Wände aus Schamottesteinen errichtet, zwischen denen Holzkohle eingebracht und angezündet wird. Das Gußstück soll nicht in, sondern auf der überall gleichmäßig brennenden Holzkohle liegen.

Die richtige Vorwärmtemperatur wird in der auf S. 18 angegebenen Weise geprüft. Bei Mg-Legierungen wird die genau einzuhaltende Vorwärmtemperatur am besten elektrisch gemessen.

Für die *Vorwärmung* ist auch die *Spannungsempfindlichkeit* der verschiedenen Gußlegierungen maßgebend. Siluminguß (G Al-Si) ist weniger spannungsempfindlich als die Legierungen G Al-Cu und G Al-Zn-Cu[1]. Je höher die Spannungsempfindlichkeit, um so besser und gleichmäßiger muß die Vorwärmung sein. — Bei Gußstücken aus Mg-Legierungen ist die Vorwärmung im Glühofen vorzuziehen, da hier die Temperatur besser geregelt werden kann.

Als *Zusatzwerkstoffe* verwendet man Stäbe von der *gleichen Legierung* wie das Gußstück. (Feststellung der Gußlegierungen s. S. 19.) Legierungen mit höherem Kupfergehalt (G Al-Cu, G Al-Zn-Cu)[1] und Umschmelzlegierungen werden mit Stäben mit großem Schmelzintervall geschweißt. Diese Stäbe bleiben beim Schweißen länger im teigigen Zustand und sind senkrecht und sogar überkopf verschweißbar. Niemals darf man Drähte aus Reinaluminium für Gußstücke verwenden (zu hoher Schmelzpunkt)!

Bis auf die Gattung G Al-Si (Siluminguß) müssen sämtliche Al- und Mg-Legierungen mit Flußmittel geschweißt werden. Auch bei gebrauchten Silumingußstücken ist die Anwendung eines Flußmittels anzuraten, da hierdurch die Schweißarbeit erleichtert und die Festigkeit verbessert wird. Ohne Flußmittel treten leicht Oxydeinschlüsse und ein stärkerer Verlust an Silizium ein. — Bei Mg-Legierungen muß das Flußmittel auch an der Unterseite der Schweißstelle aufgebracht werden, um ein Entzünden des Metalles zu vermeiden, das bei größeren Wanddicken infolge der vermehrten Wärmeansammlung eintreten kann.

Während des Schweißens soll das Gußstück nach Möglichkeit im Feuer bleiben. Nur die Schweißstelle wird freigelegt, alle übrigen Stellen werden mit Blech oder Asbestpappe abgedeckt.

Die Schweißung soll stets von *innen* nach *außen* und möglichst in *einem Zuge* durchgeführt werden. Muß wegen neuen Aufheizens die Schweißarbeit unterbrochen werden, dann soll wenigstens die jeweils angefangene Naht zu Ende geführt werden. Die Schweißnähte sind mit Rücksicht auf Durchsacken und Porenbildung an der Oberfläche gut zu überhöhen.

Der Schweißbrenner soll ruhig geführt werden. Zur Vermeidung von Flußmitteleinschlüssen, insbesondere bei Mg-Legierungen, ist dauernd mit dem Schweißstab im Schmelzbade zu rühren. Bei Mg-Legierungen kann auch während des Schweißens Flußmittel aufgestreut werden, damit der Zusatzdraht nicht aus dem Schmelzbade genommen zu werden braucht. Zu dem gleichen Zwecke kann auch der Schweißstab mit Flußmittelbrei bestrichen werden.

---

[1] In DIN 1725 nicht mehr enthalten.

Nach dem Schweißen muß das Gußstück zur Vermeidung von Rissen *langsam* im Ofen erkalten, der zu diesem Zwecke abgedeckt und auch luftdicht mit Lehm verschmiert wird. Das erkaltete Stück muß dann, ebenso wie Schweißungen von Knetlegierungen, sorgfältig von Flußmittelrückständen gereinigt werden.

Bei Gußstücken aus Mg-Legierungen müssen die Nahtüberhöhungen abgefräst oder abgefeilt werden. Dann wird, ähnlich wie beim Schweißen von Blechen, die Schweißnaht oder das ganze Werkstück gebeizt und etwa zwei Stunden lang zur Entfernung der Beizflüssigkeit und der Flußmittelreste in kochendes Wasser gelegt, dem 5% Alkalibichromat zugesetzt sind. Zum Schluß wird das Gußstück getrocknet.

16. Gütewerte gasgeschweißter Verbindungen. Bei weichem Reinaluminium und weichen Al-Knetlegierungen sowie bei fast allen Gußlegierungen erreicht die Schweißnaht die Festigkeit des Ausgangswerkstoffes. Wenn auch bei den aushärtbaren Al-Legierungen die guten Festigkeitseigenschaften im Bereich der Erwärmungszone verlorengehen, so wirkt sich doch der Festigkeitsabfall bei der kurzen Erwärmungszeit und der Abschreckwirkung infolge rascher Abkühlung nicht so stark aus wie bei längerem Glühen. Die Zugfestigkeit sinkt nicht bis auf die des weichgeglühten Bleches. Der Festigkeitsabfall ist bei dünnen Blechen infolge der schnelleren Abkühlung geringer als bei dickeren Blechen. Für einige Legierungen sind die Festigkeitswerte gasgeschweißter Verbindungen in Abhängigkeit von der Blechdicke in Abb 37 dargestellt[1]. Durch Nachvergütung, die jedoch nur bei kleineren Stücken vorgenommen werden kann, steigt die Nahtfestigkeit nahezu wieder auf den Wert des Ausgangswerkstoffes.

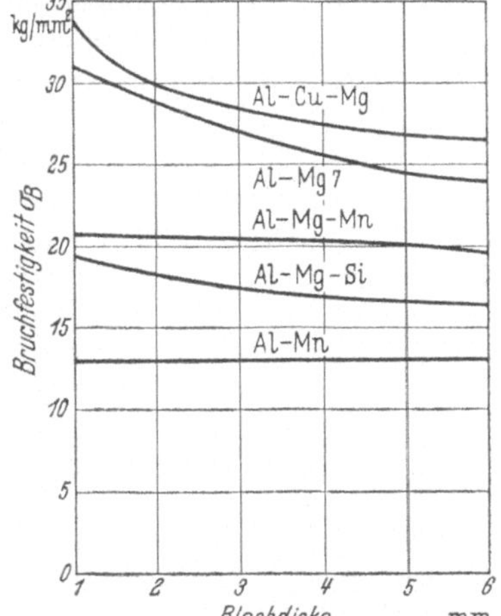

Abb. 37. Einfluß der Blechdicke auf die Festigkeit gasgeschweißter Leichtmetallverbindungen (Raupe unbearbeitet).

Bei Versuchen an 1-mm-Blechen[2] wurde festgestellt, daß bei der Legierung Al-Cu-Mg durch die Schweißung ein Festigkeitsabfall von 25% und bei der Legierung Al-Mg-Si ein Festigkeitsabfall von 20% eintrat, der jedoch in beiden Fällen durch Nachvergütung auf 7% verringert werden konnte. Bei den Legierungen Al-Mg 3, Al-Mg 5, Al-Mg 7 und Al-Mg 9 ergaben sich Festigkeitsrückgänge von nur 2, 5, 6 und 11%. Bei den Legierungen Al-Mg-Mn und Al-Mn trat durch das Schweißen keine Verringerung der Festigkeit ein.

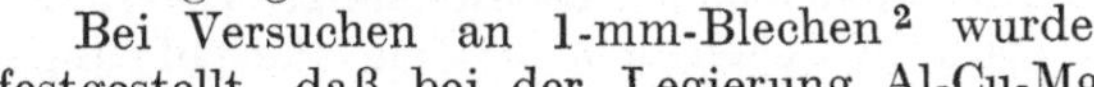

Die *Korrosionsbeständigkeit* der einzelnen Legierungen ist verschieden. Die Legierungen Al-Mg-Mn, Al-Mn und Al-Mg-Si behalten nach dem Schweißen ihre volle Korrosionsbeständigkeit; bei der Legierung Al-Mg 3 sinkt sie nur wenig während sie bei Al-Mg-Legierungen mit mehr als 5% Mg-Gehalt um so stärker zurückgeht, je höher der Mg-Gehalt ist. Auch bei der Legierung Al-Cu-Mg wird die Korrosionsbeständigkeit durch das Schweißen stark verringert, kann aber durch Nachveredeln oder Spritzplattieren wieder erhöht werden[2].

---

[1] E. v. RAJAKOVICS: Der derzeitige Stand der Schmelzschweißung von Aluminiumlegierungen. Autogene Metallbearbeitung 1939, Heft 6/7.

[2] E. v. RAJAKOVICS: Untersuchungen über den Einfluß des Schweißverfahrens, der Blechdicke und der Nachbehandlung auf die Korrosionsbeständigkeit von geschweißten Aluminiumlegierungen. Autogene Metallbearbeitung 1941, S. 353.

III. Elektrische Schmelzschweißverfahren.

A. Die Lichtbogenschweißung.

17. Schweißbare Legierungen und Schweißverfahren. Die Lichtbogenschweißung ist eine Schmelzschweißung, bei der die Wärmewirkung des elektrischen Lichtbogens (Temperatur i. M. rund 3500°) zum Anschmelzen der Kanten oder Flächen metallischer Werkstücke und zum Einschmelzen des Zusatzwerkstoffes nutzbar gemacht wird.

Mit der Lichtbogenschweißung können Reinaluminium und sämtliche Aluminiumlegierungen von 2 mm Werkstoffdicke an geschweißt werden, und zwar sowohl Knet- als auch Gußlegierungen, wenn auch bei Legierungen mit höherem Mg-Gehalt einige Einschränkungen zu machen sind. Für Magnesiumlegierungen befindet sich die Lichtbogenschweißung noch im Versuchszustand; jedoch sind in neuerer Zeit mit dem Kohlelichtbogen einfachere Ausbesserungsschweißungen an Mg-Gußlegierungen mit befriedigendem Ergebnis ausgeführt worden [1].

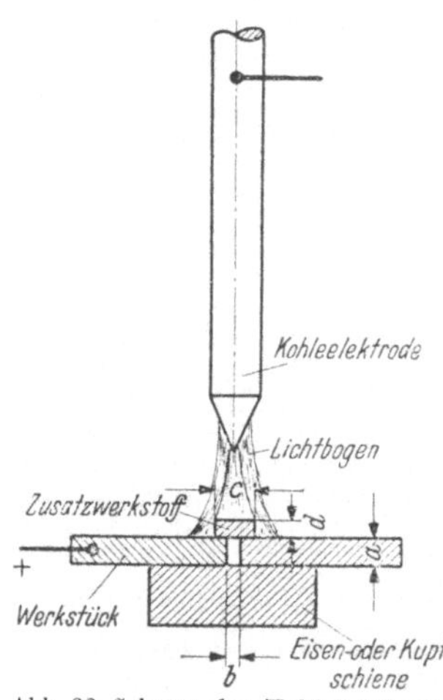

Abb. 38. Schema der Kohlelichtbogenschweißung.

Anwendbar sind sowohl der *Kohlelichtbogen* wie der *Metallichtbogen*. Als *Stromart* kommt nur *Gleichstrom* in Frage. Als Stromquelle können die in der Stahlschweißung gebräuchlichen Schweißumformer oder Schweißgleichrichter (Glühkathodenröhren- oder Trockenplattengleichrichter) mit guter dynamischer Kennlinie benutzt werden. Gleichrichter haben den Vorteil einer trägheitslosen Anpassung des Schweißstromes und eignen sich daher besonders gut zum Schweißen von Aluminium und seinen Legierungen.

Lichtbogengeschweißte Nähte zeichnen sich durch eine sehr schmale Erwärmungszone aus, was gerade bei Aluminium von besonderem Vorteil ist. Festigkeit und Korrosionsbeständigkeit sind sehr gut, wenn die Schweißnaht porenfrei ist.

18. Die Kohlelichtbogenschweißung. Der Lichtbogen wird zwischen dem an den Pluspol angeschlossenen Werkstück und der an den Minuspol angeschlossenen Kohleelektrode gezogen (Abb. 38). Es wird stets mit Zusatzwerkstoff und mit Flußmittel gearbeitet. Die Werkstücke werden nach Abb. 38 vorbereitet, und zwar bleiben die Kanten auch bei dickeren Blechen stumpf. Die Schweißfuge wird mit Eisen, Kupfer oder Formkohle unterlegt. Der Zusatzwerkstoff wird in Form rechteckiger Streifen aufgelegt, die die gleiche Zusammensetzung wie der zu verschweißende Werkstoff haben sollen.

Die *Flußmittel*, mit denen Nahtfuge und Zusatzwerkstoff bestrichen werden, sind dieselben wie bei der Gasschmelzschweißung, müssen jedoch reichlicher verwendet werden, da ihre Wirkung durch den auf der Oberfläche anfallenden Kohlenstoff beeinträchtigt wird. Als Elektroden kommen Graphitkohlenstäbe von 14 bis 16 mm Durchmesser in Frage.

Stromstärken, Arbeitsspannungen und Kohledurchmesser sind in Tabelle 11 angegeben. Die Angaben für die Vorbereitung der Nahtfuge und die Abmessungen des Zusatzwerkstoffes enthält Tabelle 12.

Die Kohlelichtbogenschweißung hat größere Schweißgeschwindigkeit als die Gasschmelzschweißung, weist aber sonst gegenüber dieser keine nennenswerten

---

[1] E. Klosse: Schweißen von Magnesium-Gußlegierungen. Z. VDI 1940, S. 511.

Tabelle 11. Stromstärken, Arbeitsspannungen und Kohledurchmesser.

Blechdicke mm	Stromstärke A	Arbeitsspannung V	Kohledurchmesser mm
2	120	18···20	14
4	200	22···24	16
6	260	24	16
8	300	26	16
10	340	28	16
12	380	30	16

Tabelle 12. Nahtfuge und Zusatzwerkstoff (vgl. Abb. 38).

Blechdicke	Spaltbreite	Zusatzwerkstoff	
a mm	*b* mm	*c* mm	*d* mm
2	0	6	2
3	0	8	3
4	0	10	4
6	2	10	5
8	3	12	5
10	4	12	6
12	4	12	8

Vorteile auf. Sie wird hauptsächlich zur Ausbesserung von Silumingußteilen, weniger aber zur Blechschweißung benutzt.

19. Metallichtbogenschweißung. Der Lichtbogen wird zwischen einer Metallelektrode und dem Werkstück nach Abb. 39 gezogen. Die Elektrode schmilzt im Lichtbogen ab und liefert den Zusatzstoff für die Schweißnaht. Die Metallichtbogenschweißung ist bei Reinaluminium und sämtlichen Aluminiumlegierungen bei Werkstückdicken über 2 mm anwendbar. Auch bei ihr kann nur mit Gleichstrom gearbeitet werden, jedoch wird im Gegensatz zur Kohlelichtbogenschweißung die Elektrode in der Regel an den Pluspol und das Werkstück an den Minuspol angeschlossen. Umgekehrte Polung ergibt einen unruhigen Lichtbogen und erhöhten Spritzverlust. Metallelektroden können auch automatisch verschweißt werden[1].

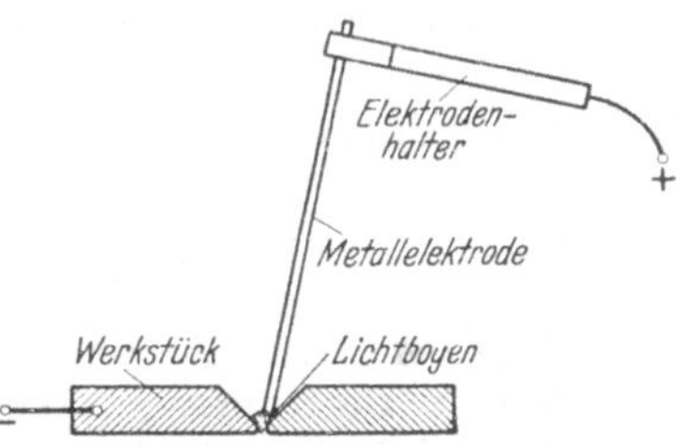

Abb. 39. Schema der Metallichtbogenschweißung.

20. Metallelektroden. Bei ihnen wird das Flußmittel in Form eines Salzmantels als *Umhüllung* um den Metallkern gelegt. Es enthält dieselben wirksamen chemischen Bestandteile und hat auch dieselben Bedingungen zu erfüllen wie die bei der Gasschmelzschweißung benutzten Flußmittel. An eine gute Leichtmetallelektrode werden folgende Anforderungen gestellt:

1. Gute Zündfähigkeit.
2. Gleichmäßiges, ruhiges Abschmelzen ohne Spritzen.
3. Gute Wirksamkeit des Flußmittels ohne störende Verdampfung bei den hohen Temperaturen des Lichtbogens.
4. Geringes Raumeinheitsgewicht der Schlacke, um Einschlüsse im Metall zu vermeiden und ihre Entfernbarkeit zu ermöglichen (Abb. 40).
5. Erzeugung einer dichten Schweißnaht, die frei von Poren und Schlackeneinschlüssen ist.
6. Die Umhüllung darf nicht hygroskopisch (wasseranziehend) sein oder muß gegen den Zutritt der Luftfeuchtigkeit geschützt sein.
7. Die Elektrodenumhüllungen müssen mit Rücksicht auf den Versand und den rauhen Werkstattbetrieb genügende Festigkeit aufweisen und dürfen nicht absplittern oder ausbrechen.

Die Elektroden werden in der Regel in Zellophan oder Ölpapier verpackt. Etwa feucht gewordene Elektroden sind zum Schweißen ungeeignet, da sie stark spritzen. Sie können aber nach vorsichtigem Trocknen wieder verwendet werden.

---

[1] H. Groebler u. H. Juvan: Automatische Lichtbogenschweißung von Leichtmetallen. Elektroschweißung 1941, S. 109.

Man soll immer nur so viel Stäbe aus der Packung nehmen, wie für die gerade vorliegende Arbeit benötigt werden. Auf keinen Fall sollen sie längere Zeit in der Werkstatt umherliegen.

Beim *Abschmelzen* der Elektrode soll die Umhüllung gegen das Ende des Metallkernes nach Abb. 41 vorstehen. Hierdurch wird der Lichtbogen auf die Nahtfuge gerichtet und ein Tanzen und Verspritzen des schmelzenden Metalles vermieden. Bei einer bestimmten Elektrodenart wird die Ausbildung des Zündkraters dadurch unterstützt, daß die Umhüllung aus mehreren Schichten mit verschiedenen Schmelzpunkten besteht; beim gemeinsamen Abschmelzen dieser Schichten entsteht eine Schmelze mit niedrigem Schmelzpunkt[1].

Abb. 40. Oberseite einer Reinaluminiumschweißnaht (Veral-LB-Elektrode). Schlacke abgedeckt.

Die *Blaswirkung* treibt die Schlacke vom Fußpunkt des Lichtbogens fort; hierdurch wird dem Schweißer eine genaue Beobachtung des Schmelzbades ermöglicht.

Gebräuchliche *Elektrodendurchmesser* sind (2), 3, 4, 5, 6, 7 und 8 mm bei 400 mm Stablänge. Ausnahmsweise werden auch Elektroden bis 12 mm Durchmesser geliefert. Jedoch ist zu berücksichtigen, daß die Stromstärke normaler Schweißmaschinen nur für Elektroden bis 8 mm Durchmesser ausreicht.

Der *Elektrodenwerkstoff* soll, ebenso wie bei der Gasschmelzschweißung, der zu verschweißenden Legierung entsprechen. In einigen Fällen kann jedoch von dieser Regel abgegangen werden. Reinaluminium wird mit Reinaluminiumelektroden oder Al-Elektroden mit einem 5proz. Si-Gehalt verschweißt. Werkstücke von den Gußlegierungen G Al-Cu und G Al-Zn-Cu werden mit Stäben von 5···12% Si-Gehalt verschweißt; hierdurch wird die Schweißnahtrissigkeit verringert. Magnesiumhaltige Legierungen werden mit Elektroden von geringerem oder ohne Mg-Gehalt verschweißt. Bei Legierungen mit höherem Mg-Gehalt treten Schwierigkeiten auf, da mit zunehmendem Mg-Gehalt die mechanischen Werte der Schweiße infolge Verdampfens und Oxydierens des Mg absinken. Die Gattung Al-Mg ist in dieser Hinsicht zu werten. Bei Legierungen der Gattung Al-Mg 5 ergaben sich bei der

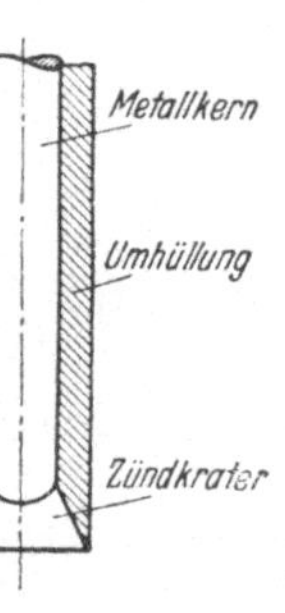

Abb. 41. Kraterförmiges Vorstehen der Elektrodenumhüllung.

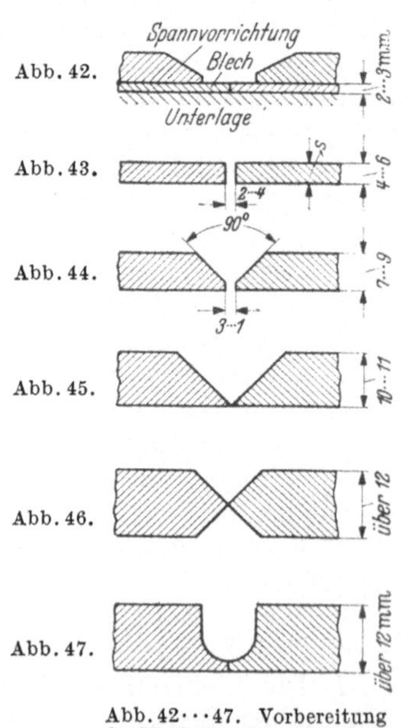

Abb. 42···47. Vorbereitung der Werkstückkanten für die Lichtbogenschweißung.

[1] C. Auchter: Über die Lichtbogenschweißung des Aluminiums. Aluminium 1939, S. 139.

Lichtbogenschweißung bisher ungenügende Festigkeitswerte. Für die Gattung Al-Mg-Si eignet sich die Lichtbogenschweißung gut, wogegen für die Gattung Al-Mg-Mn die Gasschmelzschweißung vorzuziehen ist[1].

Bei Schweißverbindungen *verschiedener Legierungen* wählt man diejenige Elektrode, deren Zusammensetzung dem einen oder anderen beteiligten Werkstoffe nahekommt. Da die aus Elektrode und Grundwerkstoff gebildete Schweiße nahezu die gleichen chemischen Eigenschaften wie die Ausgangswerkstoffe aufweist, ist die chemische Beständigkeit derartiger Schweißverbindungen kaum gefährdet.

21. Vorbereitung der Werkstücke für die Lichtbogenschweißung. Blechdicken unter 2 mm sind nur sehr schwierig schweißbar, da im allgemeinen ein Durchbrennen kaum zu vermeiden ist.

Die Vorbereitung der Werkstückkanten ist in Abb. 42 ... 47 angegeben. Bleche bis zu 3 mm Dicke werden ohne Spalt dicht zusammengelegt und zur Vermeidung von Verwerfungen *fest* auf eine Unterlage *aufgespannt* (Abb. 42). Von 4···6 mm Blechdicke läßt man einen Spalt, dessen Breite etwa $^1/_2$ bis $^2/_3$ s ist (Abb. 43).

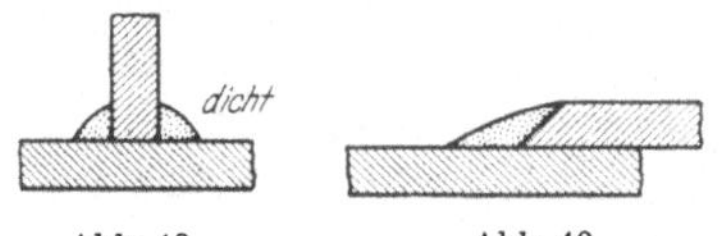

Abb. 48. Abb. 49.
Abb. 48 u. 49. Kehl- und Überlapptnähte.

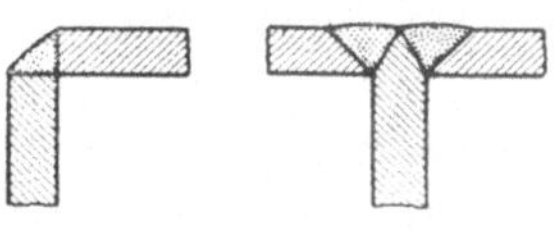

Abb. 50. Abb. 51.
Abb. 50 u. 51. Eck- und Dreiblechnähte.

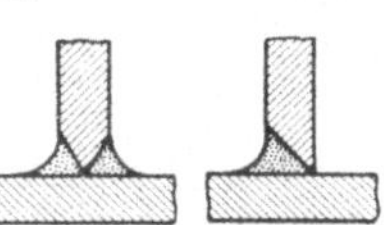

Abb. 52. Abb. 53.
Abb. 52 u. 53. K- und ½-V-Naht.

Bei Blechen über 6 mm Dicke werden die Kanten einseitig unter 45° abgeschrägt; bis 9 mm läßt man an den Blechkanten eine Nase stehen und zwischen ihnen einen Spalt, der mit zunehmender Blechdicke abnimmt (Abb. 44). Je breiter der Spalt ist, um so flacher wird die Raupe. 10 und 11 mm dicke Bleche erhalten scharfe Kanten und werden dicht zusammengelegt (Abb. 45). Über 12 mm Dicke wird die X-Naht (Abb. 46) und, wenn nur von einer Seite geschweißt werden kann, die Tulpennaht nach Abb. 47 angewandt.

Im Gegensatz zur Gasschmelzschweißung lassen sich mit der Lichtbogenschweißung auch Kehl- und Überlappnähte von 2 mm Blechdicke an nach Abb. 48 und 49 ausführen. Ebenfalls lassen sich Eck- und Dreiblechnähte nach Abb. 50 und 51 ausführen. Beim Schweißen von Kehlnähten muß darauf geachtet werden, daß die Bleche mit ihren Flächen bzw. Kanten dicht aufeinanderliegen, um das Eindringen der Schlacke in die Fuge zu verhindern. An Stelle normaler Kehlnähte (Abb. 48) können auch die K- und $^1/_2$-V-Naht nach Abb. 52 und 53 angewandt werden. Bei ihnen entfallen die Zwischenfugen und somit die Gefahren des Eindringens oder Schlacke in diese. Bei Überlappnähten kann zur Verbesserung des Einbrandes die Blechkante des aufliegenden Bleches abgeschrägt werden (Abb. 49).

Abb. 54. Verschweißen von Stücken ungleicher Dicke.

Bei der Verbindung dickerer Stücke mit dünneren Blechen wird zum Zwecke gleichmäßiger Erwärmung das dickere Stück auf die Wanddicke des dünneren nach Abb. 54 verringert. Sonst besteht die Gefahr, daß das dünnere Blech durchschmilzt. Überhaupt erfordert das Verschweißen ungleicher Querschnitte stets besondere Sorgfalt.

Stumpfschweißungen bis zu 10 mm Blechdicke und Kehlschweißungen unter 8 mm Blechdicke können *ohne Vorwärmung* ausgeführt werden. Im allgemeinen

[1] E. v. RAJAKOVICS: Über die Verwendbarkeit verschiedener Elektroden für die Lichtbogenschweißung von Aluminiumlegierungen. Elektroschweißung 1943, S. 45.

ist erst dann eine Vorwärmung erforderlich, wenn bei der höchst zulässigen Strombelastung der Elektrode das Schmelzbad nicht aufrechterhalten werden kann. Die Vorwärmtemperatur beträgt i. M. 200° und kann mit der bei der Gasschmelzschweißung angegebenen Probe festgestellt werden. Bei Werkstücken verschiedener Dicken wird nur das dickere vorgewärmt oder, wenn eine allgemeine Vorwärmung erforderlich ist, stärker vorgewärmt.

22. Ausführung der Schweißarbeit. Die Stromstärke richtet sich nach der Blechdicke und dem Elektrodendurchmesser. Die Werte für Reinaluminium sind in Tabelle 13 angegeben.

Tabelle 13. Blechdicke, Elektrodendurchmesser und Stromstärke.

Blechdicke . mm	2	3	4	5	6	7	8	9	10 u. mehr
Elektrodendurchmesser . . mm	3	3	4	5	6	7	8	8	5 u. 8 (12)
Stromstärke A .	50 bis 75	75 bis 100	100 bis 125	125 bis 150	150 bis 175	175 bis 200	200 bis 250	200 bis 250	150 u. 250 (300 bis 350)

Da die *Aluminiumlegierungen* einen niedrigeren Schmelzpunkt als Reinaluminium haben, erfordern sie eine bis etwa $^1/_5$ *niedrigere* Stromstärke als in Tabelle 13 angegeben.

Die *Arbeitsspannung* liegt zwischen 24 und 28 V. Vor Beginn der Schweißung sind die Bleche in Abständen von 30···40 cm zu heften. Die Heftschweißungen werden mit etwas höherer Stromstärke ausgeführt und mit dem Hammer gut gereinigt.

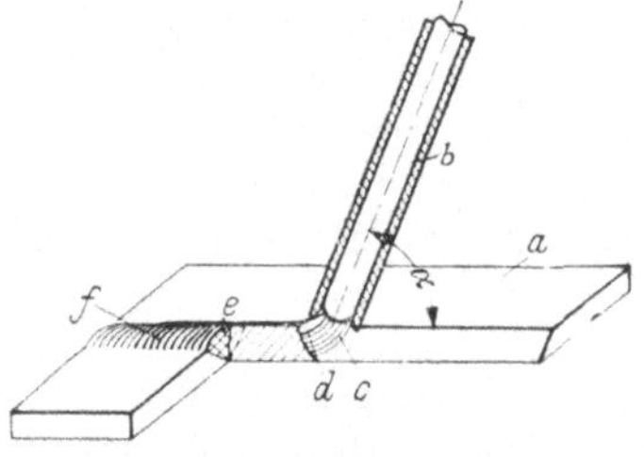

Abb. 55. Halten der Elektrode beim Stumpfschweißen.
a = Werkstück; b = Elektrode; c = Lichtbogen; d = übergehender Metalltropfen; e = Schweißnaht; f = Schlackendecke; α = Neigungswinkel.

Die Haltung der Elektrode bei Stumpfschweißungen ist in Abb. 55 angegeben. Der Neigungswinkel α liegt zwischen 60···90°. Der Lichtbogen wird bei Beginn der Schweißung ziemlich lang gehalten, bis die Kanten zu schmelzen beginnen. Dann aber muß er so kurz gehalten werden, daß der Zündkrater die Schweißkanten fast berührt (Abb. 55 und 56). Die Elektrode wird entsprechend ihrer Abschmelzgeschwindigkeit gleichmäßig geradlinig fortbewegt. Bei dickeren Blechen kann die Elektrode leicht pendelnd geführt werden, es muß darauf geachtet werden, daß keine Einbrandkerben entstehen. Bei Kehlnähten wird die Elektrode nach Abb. 56 in die Richtung der Winkelhalbierenden gehalten, also bei senkrecht aufeinanderstehenden Blechen unter 45°.

Ab. 56. Halten der Elektrode beim Schweißen von Kehlnähten.

Bis zu 8 mm Blechdicke werden alle Nähte in einer Lage verschweißt; ab 10 mm wendet man die *Mehrlagenschweißung* an. Bei einlagiger Schweißung ist der Durchmesser des Elektrodenkerns etwa gleich der Blechdicke zu wählen. Bei der Mehrlagenschweißung nimmt man zwischen den spitzwinkligen Kanten der V- und X-Nähte zuerst dünnere Elektroden (4···6 mm Durchmesser) und füllt dann die Schweißfuge mit 8···12 mm dicken Elektroden auf. Wichtig ist, daß vor dem Aufbringen einer neuen Lage von der zuletzt geschweißten die Schlacke durch Hämmern und Bürsten gut entfernt wird. Bei Kehl- und Ecknähten empfiehlt sich die Lagenschweißung schon bei geringeren Nahtdicken. Um ein Abfließen des schmelzenden Metalles zu vermeiden, bringt man das Werkstück, wenn möglich in die in Abb. 57 und 58 angegebene geneigte Lage.

Da beim Überschweißen erkalteter Nähte leicht Schrumpfrisse auftreten, schweißt man am besten immer ein Stück von etwa 25 cm vollständig fertig und fährt dann mit der unteren Lage weiter fort.

Nach Möglichkeit sollen alle Nähte *waagerecht* geschweißt werden, da Senkrechtschweißung schwierig und Überkopfschweißungen nicht ausführbar sind. Zum Schweißen von Rundnähten wird das Werkstück am besten auf einen Rollbock nach Abb. 59, notfalls auf das umgedrehte Fahrgestell eines Feldbahnwagens gelegt. Schweißungen im Inneren von Behältern sind möglichst zu vermeiden. Lassen sich diese nicht umgehen, dann muß für einen guten Abzug der Dämpfe durch einen kräftigen Ventilator oder verdichtete Frischluft gesorgt werden.

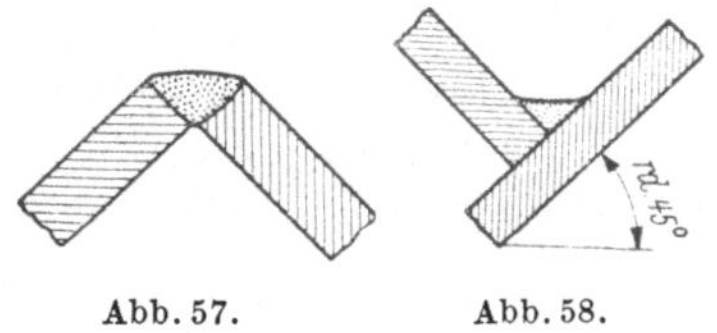

Abb. 57. Abb. 58.

Abb. 57 u. 58. Günstige Werkstücklage beim Schweißen von Kehlnähten.

23. Schweißzeiten, Elektroden- und Stromverbrauch. Die Schweißzeiten sind von der Blechdicke, der Stromstärke, dem Schweißer und der Werkstückgröße abhängig. Die reine Schweißzeit (ohne Heften und Reinigen) setzt sich zusammen aus der Abschmelzzeit und der Verlustzeit für das Elektrodenwechseln.

Die *Abschmelzzeit* für eine Elektrode ist von ihrem Durchmesser und der Stromstärke abhängig. Die Strombelastung in A/mm² ist bei dünnen Elektroden höher als bei dicken, und zwar liegt sie bei Elektroden von 2 mm Durchmesser zwischen 9,5 und 24 A/mm², während man 8 mm Elektroden nur mit 3,5 bis 6 A/mm² belasten darf. Infolgedessen haben dickere Elektroden längere Abschmelzzeiten als dünne. Die Mittelwerte für Stromstärken, Strombelastung und Abschmelzzeit von Reinaluminiumelektroden von 2···8 mm Durchmesser, 400 mm Stablänge und 370 mm Abschmelzlänge sind in Tabelle 14 zusammengestellt.

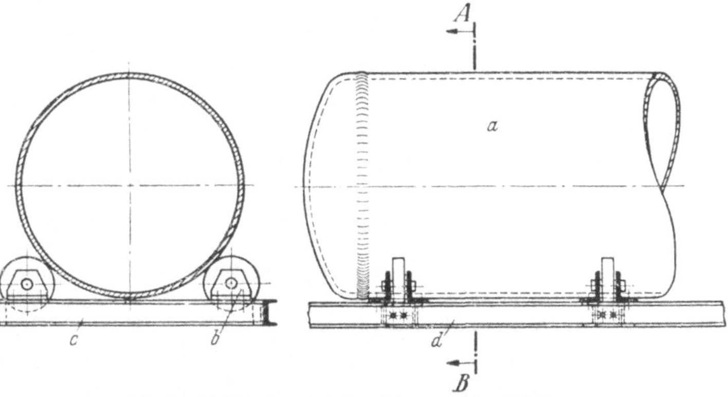

Abb. 59. Rollbock zum Schweißen von Rundnähten.
a = Werkstück; *b* = Rollenstuhl; *c* = Querträger; *d* = Längsträger. Rollen und Querträger verstellbar.

Tabelle 14. Strombelastung und Abschmelzzeit für Reinaluminiumelektroden von 2···8 mm Durchmesser, 400 mm Stablänge und 370 mm Abschmelzlänge.

Elektrodendurchmesser . . mm	2	3	4	5	6	7	8
Stromstärke J . . . . . Amp.	50	100	125	150	175	200	250
Strombelastung . . Amp./mm²	16	14	10	7,6	6,2	5,2	5
Abschmelzzeit t . . . . Sekunden	29	27	32	37	41	44	44

Unter Berücksichtigung eines Zeitzuschlages für das Wechseln der Elektroden kann man bei Reinaluminium die reine Schweißzeit für 1 m Schweißnaht (Stumpf-

oder Kehlnaht) überschläglich ermitteln zu $t = 22\,a^2/J$ min, worin a die Blechdicke (bei Kehlnähten die Nahtdicke) in mm und J die Stromstärke in Amp. ist. So ist z. B. für $a = 4$ mm und $J = 125$ Amp., die Zeit $t = \frac{22 \cdot 4^2}{125} = 2{,}8$ min.

Für das Heften der Werkstücke kann man annähernd die Hälfte der reinen Schweißzeit rechnen.

Der Elektrodenverbrauch in g/m Naht ergibt sich bei einem Fugenwinkel von 90° einschließlich eines Zuschlages von 10% für die Nahtwölbung annähernd zu $G = 2{,}85\,a^2$. Bei einer Stablänge von 400 mm und einer Abschmelzlänge von 370 mm ist das erforderliche Elektrodengewicht ohne Umhüllung $G' = \frac{2{,}85 \cdot 400}{370} \cdot a^2 = 3{,}1\,a^2$ g/m.

Tabelle 15. Metallgewicht und abgeschmolzenes Gewicht (l = 370 mm) für Aluminiumelektroden von 2···8 mm Durchmesser.

Elektrodendurchmesser . . mm	2	3	4	5	6	7	8
Metallgewicht der Elektrode . g	3,4	7,6	13,5	21.	30	41	54
Abgeschmolzenes Gewicht bei 370 mm Abschmelzlänge . g	3,1	7,0	12,5	19,5	28	38	50

Tabelle 16. Elektrodenverbrauch für 1 m Schweißnaht bei einlagigen Nähten.

Blechdicke . . . mm	2	3	4	5	6	7	8	9
Elektrodendurchmesser . . mm	3	3	4	5	6	7	8	8
Nahtgewicht . . . . g	11	26	45	71	103	140	182	231
Anzahl der Elektroden auf 1 m Naht . . .	1,6	3,8	3,6	3,7	3,7	3,7	3,7	4,6

Der Stromverbrauch beträgt, je nach Einschaltdauer, Legierung und Werkstückgröße 8,5···10 kVA je kg niedergeschmolzenen Elektrodenwerkstoffes.

24. Nachbehandlung der Schweißnähte. Wie bei der Gasschmelzschweißung so müssen auch bei der Lichtbogenschweißung sämtliche Flußmittelreste sorgfältig entfernt werden. Durch das Abspringen der Schlacke in großen Stücken (vgl. Abb. 40) wird die Reinigung der Nahtoberfläche sehr erleichtert, aber an den Übergangsstellen zum Werkstück und in den Nahtschuppen haften leicht Flußmittelreste, die mit heißem Wasser und Wurzelbürste oder durch Beizen mit Natronlauge, Neutralisieren mit verdünnter Salpetersäure und nachfolgendem Abspülen mit heißem Wasser beseitigt werden. Wenn nötig, wird die überstehende Raupe und die Nahtwurzel mit einem Meißel oder einem kleinen Fräser abgearbeitet.

Bei allen Al-Legierungen kann durch Hämmern bei 200···300° das grobkörnige Gußgefüge der Schweißnaht dem feinkörnigen Knetgefüge des Bleches angeglichen und die Festigkeit u. U. bis auf die des kalt gewalzten Werkstoffes gesteigert werden. Auch die chemische Beständigkeit wird durch Hämmern erhöht. Kalthämmern ist nicht bei allen Legierungen zulässig.

25. Das Lichtbogenschweißen von Gußteilen. Mit der Lichtbogenschweißung lassen sich sämtliche Aluminiumgußlegierungen, und zwar sowohl Guß mit Guß als auch Guß mit gewalztem Werkstoff verschweißen. Gegenüber der Gasschmelzschweißung hat sie den Vorteil, daß die Gußstücke kalt geschweißt werden können und u. U. nicht einmal ausgebaut zu werden brauchen. Nur bei großen oder komplizierten Stücken wird die Umgebung der Schweißstelle auf etwa 200° vorgewärmt. Auch bei kalt zu schweißenden Gußstücken wärmt man den Anfang der Schweißstelle zur Erzielung eines guten Einbrandes mit einem Gasbrenner vor.

Durch das Fortfallen oder die Beschränkung der Vorwärmung kann das Werkstück während des Schweißens leichter gedreht und gewendet und die Arbeit schneller, sicherer und billiger ausgeführt werden. Verwerfungen entstehen kaum, und die Paßflächen bleiben zunderfrei. Nur kupferhaltigen Aluminiumguß (G Al-Zn-Cu), der bei höheren Temperaturen sehr brüchig ist, wärmt man auf 150···200° vor und läßt ihn nach dem Schweißen langsam abkühlen.

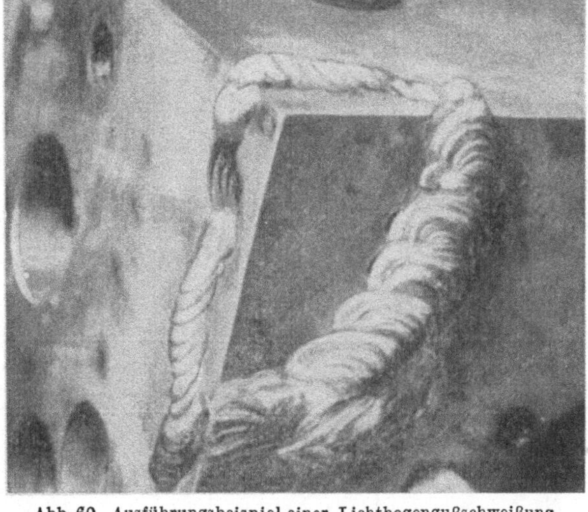

Abb. 60. Ausführungsbeispiel einer Lichtbogengußschweißung.

Die Vorbereitung der Bruchkanten erfolgt in gleicher Weise wie bei der Gasschmelzschweißung. Ebenso werden ausgebrochene Teile durch Blechstücke ersetzt.

Für die Wahl der Elektrode kann die Zusammensetzung der zu schweißenden Gußlegierung mit Hilfe der auf S. 8 angegebenen Tüpfelprobe bestimmt werden. Bei der Lichtbogenschweißung kann man aber auch jede Legierung, ohne ihre Zusammensetzung zu kennen, mit einer Elektrode von 5 oder 12% Si-Gehalt schweißen.

Ein Ausführungsbeispiel zeigt Abb. 60[1]. Die von einem Gußblock aus G Al-Cu abgebrochene Ecke wurde innerhalb einer halben Stunde mit zwei Elektroden von 5 mm Durchmesser angeschweißt.

26. Gütewerte lichtbogengeschweißter Nähte. Für die Güte einer Schweißung sind Festigkeit, Dehnung und Härte des Werkstoffes vor und nach dem Schweißen maßgebend.

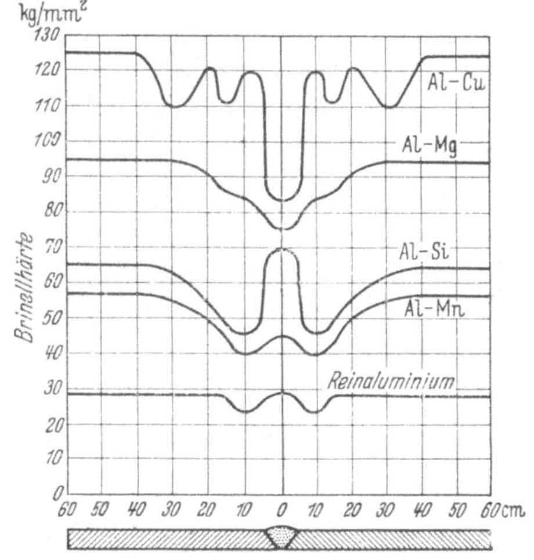

Abb. 61. Härteverlauf in und neben der Schweißnaht.

Bei weichem Aluminium und weichen Al-Legierungen wird immer die Festigkeit des Grundwerkstoffes erreicht, nur bei den Al-Mg-Legierungen tritt ein geringer Festigkeitsabfall ein.

Bei kaltverfestigtem Aluminium sowie bei kaltverfestigten und ausgehärteten Al-Legierungen sinken Festigkeit und Härte in der Schweißnaht und besonders in der Wärmeeinflußzone, die unmittelbar neben der Schweißnaht liegt. Die Wärmeeinfluß- oder Erweichungszone, die von der Schweißwärme ausgeglüht und rekristallisiert ist, ist bei der Lichtbogenschweißung wesentlich schmäler und weniger ausgeprägt als bei der Gasschmelzschweißung. Sie wird allerdings breiter, wenn das Werkstück vorgewärmt wird. Bei Reinaluminium und den meisten Al-Le-

[1] C. Auchter: Über die Ausbesserung von Aluminiumguß. Aluminium 1939, S. 137.

gierungen tritt der Bruch in der Wärmeeinflußzone ein. Eine Ausnahme machen nur die ausgehärteten Legierungen der Gattungen Al-Cu-Mg und Al-Cu, ferner die Al-Mg-Legierungen, bei denen der Bruch in der Naht selbst bzw. im Nahtansatz eintritt. Der Verlauf der Brinellhärte in und neben der Schweißnaht ist für einige Legierungen in Abb. 61 dargestellt.

Die Dehnung sinkt bei den vergüteten Werkstoffen am stärksten ab, weniger dagegen bei den weichgeglühten, während sie bei den kaltverfestigten Werkstoffen steigt. Tabelle 17 enthält eine Übersicht über die Zugfestigkeit und Dehnung der Al-Knet- und Gußlegierungen vor und nach der Schweißung.

Bei kaltverfestigten Werkstoffen und nicht zu dicken Blechen kann durch Hämmern und die damit verbundene Kornverfeinerung die Festigkeit u. U. wieder bis auf diejenige des Ausgangswerkstoffes gebracht werden. Aushärtbare Legierungen gestatten bei nicht zu großen Werkstückabmessungen eine Nachvergütung, die eine erhebliche Festigkeitssteigerung bewirkt.

Tabelle 17. Festigkeitswerte von Al-Knet- und Gußlegierungen vor und nach der Schweißung[1].

Gattung	Zustand	Zugfestigkeit σ_B kg/mm²		Bruchdehnung δ_{10} %	
		ungeschweißt	geschweißt	ungeschweißt	geschweißt
Reinaluminium	weich	8,8	8,9	30	21
	hart	14,6	8,8	7	7
Al-Mg 5	weich	24	22	22	15
	½ hart	32	23	20	6
Al-Mg-Mn	weich	17,5	17,5	21	13
	hart	22,5	18,4	4,5	5,5
Al-Si[2]	weich	13	13	20	12,5
	hart	18,9	12	4	5,5
Al-Mn	weich	11	10,5	25	20
	hart	18	14	6	5
Al-Cu-Mg	weich	23,3	22,5	14	8,4
	vergütet	40,5	24,2	13	3
Al-Cu[2]	weich	18	18,3	14	10
	vergütet	44	24,9	11	4,2
Al-Mg-Si	weich	15,5	15,5	15	9
	vergütet	31	18,4	12	4
G Al-Cu[2]	Kokillenguß	19	17,2	2···3	3
G Al-Zn-Cu[2]	Kokillenguß	22	19	1···2	3
G Al-Si	Kokillenguß	19,8	19,9	6	5
G Al-Si-Cu	Kokillenguß	20	18	3···2	4
G Al-Si-Mg	Sandguß, ausgehärtet	26	24	3	4
G Al-Mg-Si	Kokillenguß	18,5	17,3	2	2

Bei Siluminguß wird in der Schweißnaht die Festigkeit des Ausgangswerkstoffes erreicht, während sie bei den übrigen Gußlegierungen etwas abfällt.

B. Die Arcatomschweißung.

27. Wirkungsweise der Arcatomschweißung. Die Arcatomschweißung gehört zu den *gas-elektrischen* Schweißverfahren, bei denen der Lichtbogen von einer Gashülle umgeben wird, die ihn und das Schmelzbad vor dem Sauerstoff und Stickstoff der Luft schützen soll.

[1] C. Auchter: Über die Lichtbogenschweißung des Aluminiums, S. 139. Aluminium 1939, Nr. 2. [2] In DIN 1725 nicht mehr aufgeführt.

Der Arcatomlichtbogen wird zwischen zwei spitzwinklig zueinander stehenden, in Ringdüsen eingespannten Wolframelektroden von 1,5···3 mm Durchmesser gezogen. Diese brennen nur wenig ab und dienen nur als Stromleiter, nicht als Zusatzwerkstoff. Das Werkstück selbst ist nicht in den Stromkreis eingeschaltet. Der Brenner ist frei beweglich, da der Lichtbogen vom Werkstück unabhängig ist, ähnlich wie der Brenner bei der Gasschmelzschweißung. Geschweißt wird nur mit *Wechselstrom*. Die Spannungen sind höher und die Stromstärken geringer als bei der Lichtbogenschweißung.

Das Schema der Arcatomschweißung stellt Abb. 62 dar. Der aus den Ringdüsen austretende, die Elektroden und den Lichtbogen umgebende Wasserstoff hat folgende Wirkung:

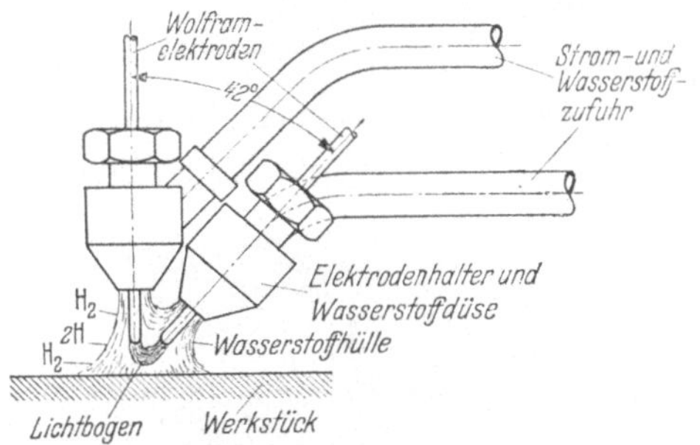

Abb. 62. Schema der Arcatomschweißung.

1. Er schützt den Lichtbogen und das Schmelzbad vor dem Sauerstoff und Stickstoff der Luft.

2. An den weiß glühenden Elektrodenspitzen spalten sich die Wasserstoffmoleküle unter Aufnahme von Wärme in je zwei Atome. Am Rande des hufeisenförmigen Lichtbogens vereinigen sich die Atome wieder zu Molekülen und geben die vorher aufgenommene Wärme wieder ab, die nunmehr zusätzlich für den Schmelzprozeß nutzbar gemacht wird. Die Temperatur des Lichtbogens beträgt etwa 4000°. Durch die hohe Wärmekonzentration können die Leichtmetalle trotz ihrer hohen Wärmeleitfähigkeit ohne Vorwärmung geschweißt werden. Das Verfahren ergibt hohe Schweißgeschwindigkeiten und schmale Erwärmungszonen, wodurch, insbesondere bei dünnen Blechen, die Verwerfungsgefahr verringert wird.

Mit der Arcatomschweißung können Reinaluminium, sämtliche Al- und Mg-Legierungen sowohl als Bleche als auch in gegossener Form geschweißt werden. Beim Schweißen von Gußteilen liegt der Vorteil gegenüber der Gasschmelzschweißung in einer geringeren Vorwärmung. Beim Schweißen von Mg-Legierungen tritt keine Entzündung des Metalles ein, da infolge der Schutzwirkung des Wasserstoffgases kein Sauerstoff an die Schweißstelle und die noch hocherhitzte fertige Naht herankommen kann.

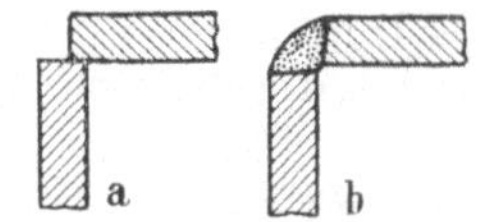

Abb. 63. Kantenschweißung. a vorbereitet; b geschweißt.

28. Vorbereitung der Werkstücke. Bei dünnen Blechen von 0,5···1,5 mm Dicke wird der Bördelstoß angewandt (vgl. Abb. 3, S. 16). Bleche bis zu 5 mm Dicke können mit sauber aneinanderliegenden rechtwinkligen Kanten ohne Zusatzwerkstoff verschweißt werden. Allerdings tritt dann ein leichtes Einsinken der Blechkanten in die Nahtfuge und hiermit eine geringe Festigkeitsverminderung der Schweißnaht ein. Wird von der Naht volle Festigkeit verlangt, dann ist zur Erzielung einer aufliegenden Raupe die Schweißung mit Zusatzwerkstoff zu empfehlen, der in Form von Draht oder Blechstreifen verwandt werden kann. Über 5 mm Blechdicke wird die V- oder X-Naht angewandt, wobei die Nahtfuge mit Zusatzwerkstoff aufgefüllt wird. Die Fugenwinkel haben dieselben Werte wie bei der Gasschmelzschweißung ($\alpha \approx 60°$). Bleche aus Al-Mg und Al-Mg-Mn sollen an der Nahtwurzel nicht scharfkantig, sondern auf etwa 1 mm abgerundet sein[1].

[1] E. Thiemer: Hinweise für das Schweißen von Al-Mg und Al-Mg-Mn nach dem Arcatomverfahren. Aluminium 1941, S. 410.

Kantenschweißungen lassen sich ohne Zusatzwerkstoff nach Abb. 63 in der Weise ausführen, daß die Bleche (von 1,5 mm aufwärts) knapp aufeinandergelegt werden. Die Kanten erhalten dabei eine gute Abrundung und können zugleich nach innen einwandfrei durchgeschweißt werden. Auch Dreiblechstöße verschiedener Blechdicken können nach Abb. 64···69 hergestellt werden.

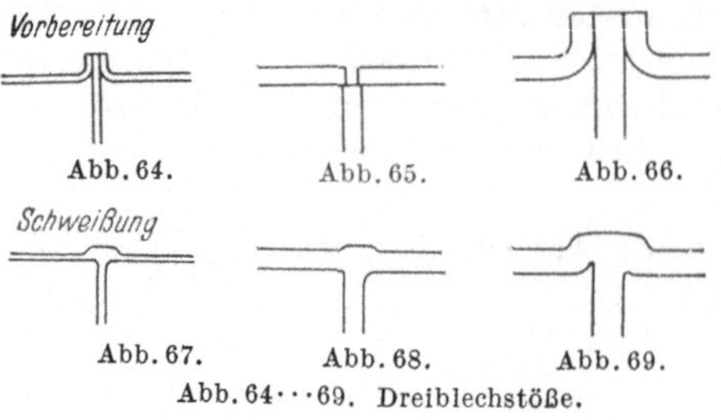

Abb. 64···69. Dreiblechstöße.

Kehlnähte sind unter Verwendung von Zusatzwerkstoff ausführbar; Einbrandkerben neben der Schweißnaht können ohne Schwierigkeiten vermieden werden, wie Abb. 70 zeigt.

29. Ausführung der Arcatomschweißung. Es werden dieselben Flußmittel wie bei der Gasschmelzschweißung verwandt.

Eine *Unterlage* für die Schweißnaht erübrigt sich in der Regel nicht nur, sondern verhindert sogar, wenn sie eng anliegt und nicht vorgewärmt ist, ein gutes Durchschweißen und macht u. U. auch eine porenfreie Naht unmöglich. Nur in Sonderfällen wird bei dickeren Blechen eine Unterlage mit einer 2 mm tiefen Rinne benutzt.

Abb. 70. Arcatomgeschweißte Kehlnaht.

Beim Schweißen dünnerer Bleche benutzt man *Spannvorrichtungen*, die ein Verziehen des Werkstückes und gleichzeitig eine Wärmeausbreitung in diesem verhindern.

Die Stromstärke in Abhängigkeit von der Blechdicke, die erforderliche Netzleistung in kW, der Wasserstoff- und Elektrodenverbrauch für 1 m Schweißnaht und die Schweißleistung in m/Stunde können für Blechdicken von 1···12 mm dem Schaubild Abb. 71 entnommen werden. Die Werte gelten als Mittelwerte für Stumpf-, Kanten- und Bördelnähte und enthalten keine Nebenzeiten für Spannen und Heften.

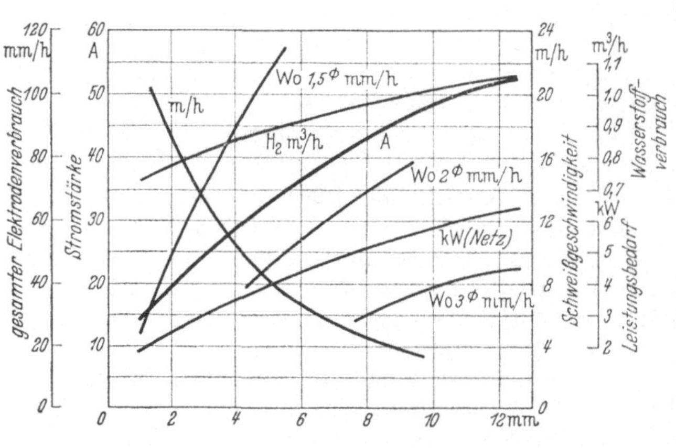

Abb. 71. Leistungsdaten für die Arcatomhandschweißung von Leichtmetallen.

30. Vorteile der Arcatomschweißung. Gütewerte. Da infolge der hohen Wärmekonzentration des Arcatomlichtbogens in den meisten Fällen ohne Vorwärmung geschweißt werden kann, lassen sich die Werkstücke fest spannen, wodurch die Verwerfungen wesentlich verringert werden und ein Heften selten nötig ist. Durch die Wasserstoffhülle wird das Schmelzbad vor dem Sauerstoff und Stickstoff der Luft geschützt und ein Ausbrennen von Legierungsbestandteilen hierdurch fast völlig verhindert. Winkelschweißungen lassen sich durch einfaches Niederschmelzen der Kanten gut und sauber ausführen. Während des Schweißvorganges ist auch ein Absetzen möglich. Im Gegensatz zur Lichtbogenschweißung ist das Arcatomverfahren auch für Blechdicken unter 2 mm bis zu 0,3 mm anwendbar.

Ein *Vorteil* gegenüber der Gasschmelzschweißung liegt in der *schmäleren Erwärmungszone* und *kürzeren Ausglühzeit*. Wenn auch bei den meisten Legierungen zwischen gas- und arcatomgeschweißten Nähten keine wesentlichen Festigkeitsunterschiede bestehen, so haben sich doch bei Versuchen[1], die mit 1 mm dicken Blechen der Gattung Al-Mg 7 und Al-Mg 9, Al-Mg-Si und Al-Cu-Mg durchgeführt wurden, sowohl für den Bördelstoß als auch den Stumpfstoß mit Zusatzdraht bei den arcatomgeschweißten Verbindungen höhere statische Festigkeitswerte ergeben als bei den gasgeschweißten. Insbesondere wiesen die Bördelschweißungen wesentlich höhere Festigkeiten auf. Die Dehnungswerte wichen bei beiden Schweißverfahren nur wenig voneinander ab und lagen zum Teil bei der Gasschweißung etwas höher, aber für die Legierungen Al-Mg 7 und Al-Mg 9 waren die Dehnungen, insbesondere von Bördelschweißungen, beim Arcatomverfahren höher als bei der Gasschmelzschweißung.

Versuche mit Blechen bis 4 mm Dicke zeigten ähnliche Ergebnisse. Schweißungen an 6 mm dicken Duraluminblechen (Al-Cu-Mg), die ohne Vorwärmung mit 1,5 mm starken Wolframelektroden durchgeführt wurden, zeigten für die Arcatomschweißung um etwa 16% höhere Festigkeitswerte und um etwa 35% höhere Streckgrenzen, während die Dehnungswerte für die Gasschmelzschweißung höher lagen.

In vielen Fällen können die Festigkeitseigenschaften durch *Hämmern* verbessert werden, besonders bei dünnen Blechen und nicht zu langen Nähten. Bei dicken Schweißraupen hat das Hämmern wenig Zweck. Schweißungen der Legierungsgruppe Al-Mg-Si lassen sich durch Hämmern nicht verbessern, zum Teil sinkt die Festigkeit hierdurch noch ab. Legierungen der Gruppe Al-Cu-Mg müssen zur Vermeidung von Spannungsrissen vorsichtig gehämmert werden.

Bei den *aushärtbaren* Legierungen kann durch Nachvergütung die Festigkeit wesentlich erhöht werden, und bei einigen Legierungen, z. B. Duralumin 681 b (Al-Cu-Mg) durch Hämmern vor der Nachvergütung auch die Dehnung verbessert werden.

Die *Korrosionsbeständigkeit* arcatomgeschweißter Nähte kann allgemein als gut bezeichnet werden, da ihr Gefüge meist dichter ist als das gasgeschweißter Nähte. Auch bei Al-Legierungen mit höherem Mg-Gehalt lassen sich dichtere und schlackenfreie Nähte erzielen, da die Wasserstoffhülle die Bildung von Oxyden und Nitriden im Schmelzbade verhindert. Für Reinaluminiumschweißnähte wurde dieselbe Korrosionsbeständigkeit wie für den Ausgangswerkstoff festgestellt, sowohl im gehämmerten als auch im ungehämmerten Zustand.

C. Das Schweißverfahren nach Weibel.

31. Arbeitsweise des Weibel-Gerätes. Das von den Schweizer Mechanikern A. S. und H. Weibel ausgearbeitete Schweißverfahren dient zum Schweißen von Leichtmetallblechen unter 2 mm Dicke. Es ist ein elektrisches Schmelzschweißverfahren, bei dem aber *kein Lichtbogen* auftritt und das mit keinem der bekannten Verfahren unmittelbar zu vergleichen ist. Das in der letzten Zeit verbesserte Schweißgerät (Elektrodenhalter) besteht nach Abb. 72 aus zwei zangenartig vereinigten Handgriffen *a*, die an ihren vorderen Enden die Einspann-

[1] E. v. Rajakovics: Untersuchungen an geschweißten Aluminiumlegierungen. Z. Metallkunde 1937, S. 281.

vorrichtungen *b* für die Elektroden besitzen. Die stromführenden Kabel sind unmittelbar an den Einspannvorrichtungen angeschlossen; hierdurch wird gegenüber der alten Ausführung eine Erwärmung der Handgriffe vermieden. Durch die Feder *c* werden die Spitzen der Elektroden (Querschnitt s. Abb. 73) miteinander in Berührung gebracht, also kurz geschlossen und dadurch auf helle Rotglut bis Weißglut erhitzt. Der Erhitzungsgrad der Elektrodenspitzen kann je nach der Schmelztemperatur des zu schweißenden Werkstoffes geregelt werden.

Haben die Kohleelektroden die erforderliche Temperatur erreicht, dann drückt man sie auseinander und führt nach Abb. 74 die Bördelränder der Bleche zwischen die glühenden Spitzen; ein Druck wird auf die Bleche nicht ausgeübt. Durch die Hitze der Elektrodenspitzen, deren Abflachung nach innen liegt, werden die Bleche an der Stelle *a* auf Schmelzhitze gebracht. Die Elektroden dringen bei *b* in den aufgeweichten Bördelrand ein. Der an dieser Stelle übergehende Strom erwärmt sowohl durch den geringen zusätzlich wirkenden Übergangswiderstand die Bleche und hält insbesondere die Elektrodenspitzen auf Temperatur. Bei Beginn des Schmelzens werden die Elektroden langsam vorwärts bewegt. Die Bewegung der Elektroden wird erst durch die Abschrägung ihrer Schneidkanten ($2\,\alpha \sim 15°$) erreicht. Bei gleichmäßiger Vorwärtsbewegung des Schweißgerätes entsteht eine durchlaufende Schweißnaht.

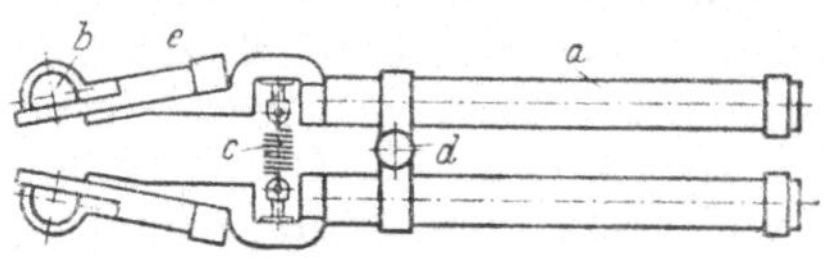

Abb. 72. Eektrodenhalter für die WEIBEL-Schweißung.
a Handgriffe; *b* Einspannvorrichtungen für die Elektroden; *c* Zugfeder; *d* Gelenk; *e* Anschlüsse für die Stromkabel.

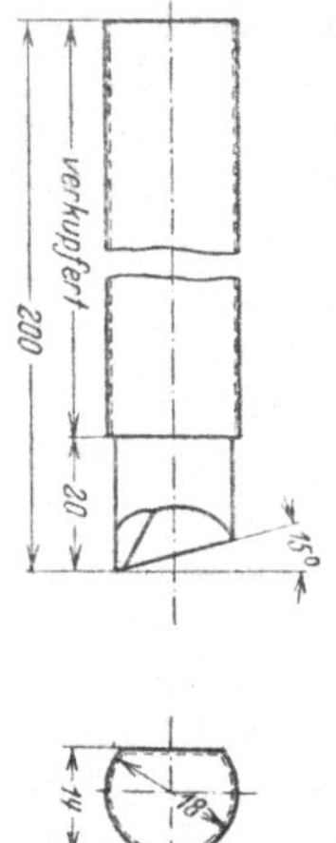

Abb. 73 Kohleelektrode für das WEIBEL-Verfahren.

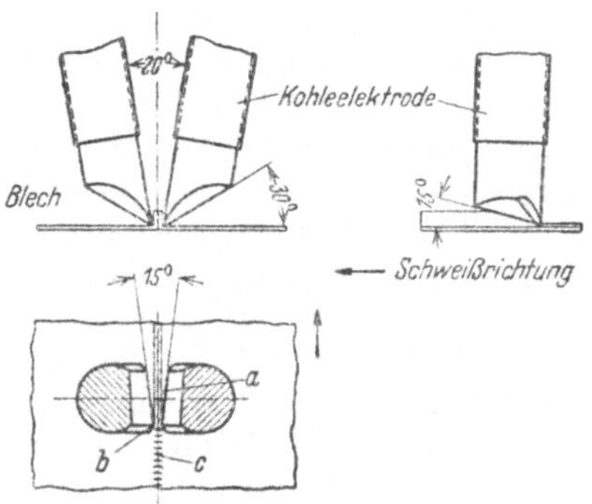

Abb. 74. Werkstück und Elektroden bei der WEIBEL-Schweißung.

Beim Schweißen von *Magnesiumlegierungen* muß das Schweißgerät am Nahtende sehr rasch weggezogen werden, um Brandgefahr zu vermeiden.

32. Einzelheiten zur Durchführung der Schweißarbeit. Wie schon gesagt, arbeitet das WEIBEL-Verfahren mit Wechselstrom. Wegen der niedrigen Spannungen — 3,5 bis 8 V — ist ein besonderer Umspanner nötig. Lichtbogenschweißumspanner sind für diesen Zweck nicht brauchbar. Die erforderlichen Stromstärken liegen zwischen 80 und 260 A; sie werden durch einen Stufenschalter entsprechend dem zu verschweißenden Werkstoff bzw. der Nahtdicke eingestellt. Zu hohe Stromstärke führt zum Einbrennen von Löchern.

Als Elektroden eignen sich am besten Kohlenstäbe von 18 mm Durchmesser mit 4 mm Abflachung (Abb. 73), die zur Erzielung eines guten Kontaktes verkupfert sind[1]. Die Einspannlänge soll möglichst klein sein, etwa 50···70 mm, um den Strom auf einer möglichst kleinen Widerstandslänge zur Schweißstelle

[1] F. HELBING: Das FESA-WEIBEL-Schweißverfahren und seine Anwendungsmöglichkeiten in der Fertigung von Leichtmetallteilen. Metallwirtschaft 1941, S. 1052.

zu führen. Statt der runden Elektroden hat v. RAJAKOVICS[1] Flachkohlen von 30 mm Breite vorgeschlagen.

Beim WEIBEL-Verfahren müssen, ebenso wie bei den anderen Schmelzschweißungen, *Flußmittel* verwandt werden. Es kommen grundsätzlich dieselben Flußmittel wie bei der Gasschmelz- und Arcatomschweißung in Frage, doch hat das WEIBEL-Verfahren den Vorteil, daß es gegen die Art des Flußmittels sehr unempfindlich ist, wenn dieses dünn aufgetragen wird. So können selbst die Al-Mg-Legierungen mit höherem Mg-Gehalt mit normalen Flußmitteln (Autogal A und Firinit M, sogar Firinit normal) und dort, wo die Entfernung der Flußmittelreste Schwierigkeiten bereitet, auch mit nichthygroskopischen Flußmitteln geschweißt werden, was bei den anderen Verfahren nicht zulässig ist.

Tabelle 18. Richtwerte für die Bördelhöhen bei verschiedenen Blechdicken.

Blechdicke mm	Bördelhöhe h mm
bis 0,1	etwa 1,0···
0,1···0,4	„ 1,0···1,5
0,5···1,0	„ 1,5···2,0
1,0···2,0	„ 2,0···2,5

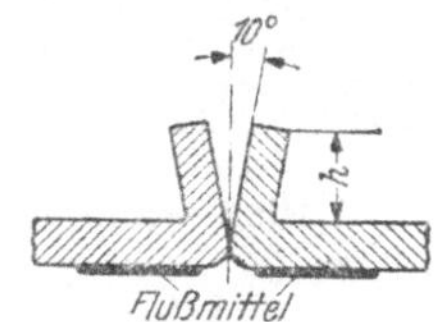

Abb. 75. Vorbereitung der Bördelnaht.

Als *Nahtformen* kommen die Bördelnaht und die Stumpfnaht in Frage. Bei der Bördelschweißung werden die Blechränder über die Bördelbreite mittels Schaber oder umlaufender Drahtbürste oder durch Beizen von der Oxydhaut befreit. Eingefettete Bleche müssen vorher entfettet werden. Nach der Reinigung werden die Bleche nach Abb. 75 aufgebogen. Die Bördelhöhe h richtet sich nach der Blechdicke und liegt zwischen 1 und 2,5 mm. Die von GABLER[2] angegebenen Richtwerte enthält Tabelle 18. Die Bördelung soll, um ein gutes Durchschweißen zu ermöglichen, möglichst scharfkantig sein. Magnesiumlegierungen müssen im warmen Zustande gebördelt werden. Lassen sich bestimmte Legierungen nicht scharf abkanten, so ist Bördelhöhe um den Biegeradius zu vergrößern.

Der dick angerührte Flußmittelbrei wird *sparsam* an der Unterseite der Blechkanten aufgetragen (Abb. 75). Durch Flußmittel an der Oberseite oder der Berührungsstelle wird der Stromübergang zwischen den Elektroden gestört und die Nahtausbildung infolge übermäßiger Schlackenentwicklung beeinträchtigt.

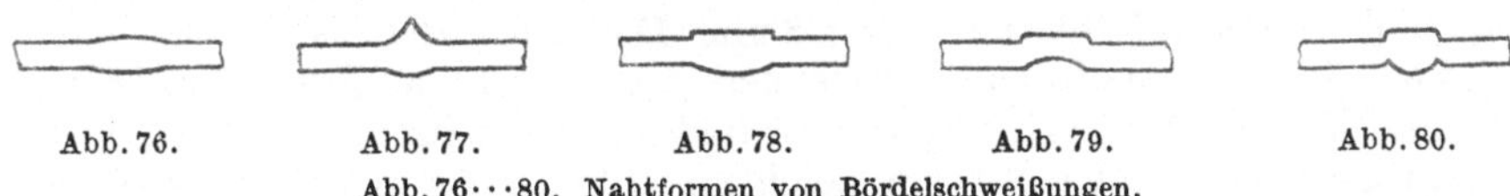

Abb. 76. Abb. 77. Abb. 78. Abb. 79. Abb. 80.

Abb. 76···80. Nahtformen von Bördelschweißungen.

Verschiedene Nahtformen sind in Abb. 76···80 dargestellt. Am besten ist die gleichmäßige, flache Naht nach Abb. 76, die man dann erreicht, wenn die Elektrodenspitzen an der Stelle ihres kleinsten Abstandes das Werkstück möglichst punktförmig berühren. Die spitze Naht (Abb. 77) hat im allgemeinen auch einwandfreie Wurzelbindung und gute Festigkeitswerte, erfordert aber mehr Nacharbeit als die flache. Die übrigen Nahtformen Abb. 78 und 79 sind gleichwertig mit der spitzen Naht; dagegen ist die Festigkeit der Nähte nach Abb. 80 wegen der Kerben an der Unterseite geringer.

Zur Vermeidung von Verwerfungen werden die Bleche in geeignete Vorrichtungen eingespannt.

---

[1] E. v. RAJAKOVICS: Erfahrungen mit einem neuen Schmelzschweißverfahren für dünne Bleche. Maschinenbau/Der Betrieb 1939, S. 395.

[2] K. GABLER: Das FESA-Schweißverfahren, System WEIBEL. Metallwirtschaft 1939. S. 817.

Außer der normalen Flachbördelnaht kann auch die Kantenbördelnaht nach Abb. 81 ausgeführt werden. Die Bördel sind für rechtwinklig stehende Bleche auf etwa 35⁰ gegen die Senkrechte aufgebogen.

Bei der Stumpfschweißung werden die gereinigten Bleche ähnlich wie bei der Gasschmelzschweißung stumpf gestoßen und in ihre Schweißfuge nach Abb. 82 ein Zusatzdraht von gleichem Werkstoff gelegt, dessen Stärke etwas größer als die Blechdicke sein soll. Die Elektroden gleiten am Zusatzdraht entlang, der an einigen Stellen geheftet wird. Die fertige Naht zeigt Abb. 83. Auf diese Weise lassen sich auch etwa durch Lochbrand entstandene Fehlstellen ausbessern. Der Zusatzdraht kann auch ähnlich wie bei der Gasschmelzschweißung stückweise eingeschmolzen werden, indem seine Spitze zwischen die Elektrodenspitzen gehalten wird. Dies ist beim Schweißen von Rundnähten zu empfehlen, bei denen sonst der Draht entsprechend vorgebogen werden müßte.

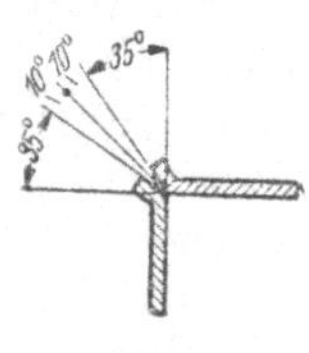

Abb. 81. Vorbereitung der Kantenbördelnaht.

Außer waagerechten Nähten können auch Senkrecht- und Überkopfnähte geschweißt werden.

Die Schweißgeschwindigkeiten liegen je nach Blechdicke, Legierung, Elektrodendurchmesser und Stromstärke zwischen 0,5 und 1,5 m/min. Auch die Wärmeableitung des Werkstückes (Werkstückgröße und Unterlage) beeinflußt die Schweißgeschwindigkeit.

Wenn auch bei dem Weibel-Verfahren infolge Fehlens des Lichtbogens die Augen des Schweißers durch ultraviolette Strahlen nicht gefährdet werden, so ist doch, besonders bei längerem Arbeiten, die Benutzung einer hellen Gasschweißbrille zu empfehlen, durch die der Schmelzfluß gut beobachtet werden kann.

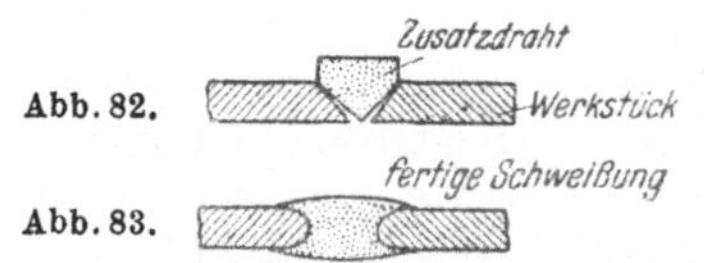

Abb. 82 u. 83. Vorbereitung und Ausführung der Stumpfschweißung.

33. Anwendungsgebiete und Gütewerte. Das Weibel-Verfahren ist für sämtliche Leichtmetallegierungen, also auch für Mg-Legierungen, bei Blechdicken von 0,1 · · · 2 mm anwendbar. Aluminiumfolien lassen sich bis zu 0,05 mm Dicke herunter schweißen. Erwähnt sein möge, daß auch die Schweißung von Blei- und Zinkblechen bis 2 mm Dicke und von Kupferblechen bis 1,8 mm Dicke möglich ist.

Soweit sich in Anbetracht der Neuheit des Verfahrens feststellen läßt, findet dieses bei Dünnblechschweißungen verschiedenster Art im Flugzeubau, im Wagen- und Karosseriebau, bei sonstigen Leichtmetallkonstruktionen und bei der Herstellung von Aluminiumgeräten infolge seiner einfachen Handhabung zunehmende Anwendung. Einige Mängel an dem bisherigen Gerät, wie die Erwärmung des Schweißkolbens infolge ungenügender Kühlung und durch Wärmestrahlung, sowie die etwas beeinträchtigte Beweglichkeit durch die bisherige Anordung der Kabelführung sind bei einer Neukonstruktion bereits abgestellt worden.

Die *Festigkeitsversuche* an Aluminiumschweißverbindungen haben gute Werte ergeben. In keinem Falle lagen dieselben unter denen der Gasschmelzschweißung oder der Arcatomschweißung; bei der ausgehärteten Al-Cu-Mg-Legierung (Duralumin) wurde ein geringerer Festigkeitsabfall als bei Schweißungen mit den anderen Verfahren festgestellt, was auf die besonders schmale Erwärmungszone zurückzuführen ist.

IV. Hammer- und Druckschweißungen.

34. Die Hammerschweißung von Aluminium. Die Hammerschweißung ähnelt der bei Stahl und Eisen in Einzelfällen noch angewandten alten Feuerschweißung. Sie kommt in Frage für Reinaluminium und Al-Legierungen der Gattung Al-Mg mit nicht mehr als 5% Mg. Auch die aushärtbare Legierung Al-Mg-Si ist hammerschweißbar. Das Verfahren ist anwendbar für Blechdicken bis zu 20 mm.

Die an den Enden auf Schweißtemperatur erhitzten Werkstücke werden durch Hammerschläge vereinigt.

Die Vorbereitung der Schweißkanten erfolgt nach Abb. 84, der Abschrägungswinkel a beträgt rund 45°. Rechteckige Kanten würden beim Schweißen in den Werkstoff eindringen und zu Brüchen Anlaß geben. Das Überlappungsmaß x soll etwa die dreifache Blechdicke s, mindestens aber 5···10 mm betragen.

Vor dem Schweißen müssen die Werkstücke an den Überlappungsflächen und Schweißkanten blank geschabt werden. Da bei der Hammerschweißung *ohne Flußmittel* gearbeitet wird, muß die Oxydhaut restlos mechanisch entfernt werden.

Die Erwärmung der Werkstückenden geschieht in der Regel von unten mit einer in Zickzacklinie geführten Schweißflamme auf 400 bis 500°. Für die Feststellung dieser „Hämmertemperatur" gibt es verschiedene Möglichkeiten: Ein Tannen- oder Fichtenholzspan hinterläßt bei langsamem Reiben einen dunkelbraunen Strich, ein blauer Ölfarbstiftstrich wird gelb, Rindertalg wird dunkelbraun, Kernseife nach wenigen Sekunden schwarz. Der erfahrene Schweißer erkennt die richtige Temperatur beim Hämmern, wenn er das Gefühl hat, mit dem Hammer am Werkstück festzukleben. Für den Ausfall der Schweißung ist die Einhaltung der richtigen Temperatur sehr wesentlich; bei zu hoher Erhitzung wird das Metall griesig, und die Festigkeit der Schweißung ist gering, zu kalter Werkstoff läßt sich nicht verschweißen.

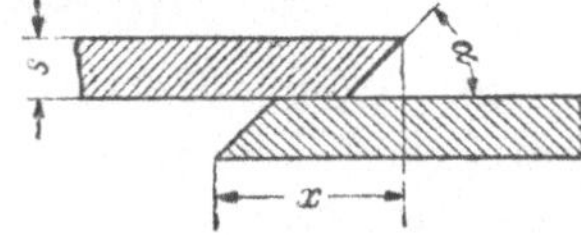

Abb. 84. Vorbereitung der Blechkanten für die Hammerschweißung.

Vor dem eigentlichen Schweißen werden die Bleche, je nach Dicke, durch örtliches Erwärmen und Hämmern in Abständen von 150 bis 200 mm geheftet. Zur Erzielung einer einwandfreien Verschweißung der rückseitigen Naht wird der Amboß auf etwa 250 bis 300° angewärmt. Amboß- und Hammerfläche müssen glatt sein und vor dem Hämmern von Rost und Staub gesäubert werden, damit keine Verunreinigungen in das weiche Metall eindringen.

Zum Hämmern benutzt man Kugelhämmer mit verschiedenen Halbmessern, und zwar zuerst einen Hammer mit kleinerem Halbmesser, nachher Hämmer mit größeren Halbmessern. Das Nachrichten geschieht mit Planierhämmern. In der Regel muß zur Aufrechterhaltung der Temperatur während des Hämmerns nachgewärmt werden; der Schweißer hält dann in der linken Hand den Brenner und in der rechten den Hammer. Die sich während der Erwärmung auf den Werkstückflächen neu bildenden Oxydfilme werden beim Hämmern in Flitterteilchen zerstört. Den schematischen Querschnitt einer Schweißnaht zeigt Abb. 85. Hammergeschweißte Nähte sind vollkommen homogen und haben bei Reinaluminium und ausgehärteten Al-Legierungen dieselben Zugfestigkeiten und Streckgrenzen wie der ungeschweißte Werkstoff. Die Dehnung geht um 30 bis 50% zurück. Einwandfreie Schweißungen vertragen jede Weiterbearbeitung und haben auch gute Korrosionsbeständigkeit; jedoch ist für Salpetersäurebehälter aus Reinaluminium die Hammerschweißung unzulässig.

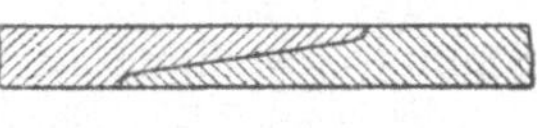
Abb. 85. Querschnitt einer hammergeschweißten Naht.

Einer ausgedehnten Anwendung der Hammerschweißung steht die Tatsache entgegen, daß die reine Schweißzeit etwa das Siebenfache derjenigen der Gasschmelzschweißung beträgt. Auch an die Geschicklichkeit des Schweißers stellt sie hohe Anforderungen. Angewandt wird sie im Apparatebau und in solchen Fällen, wo bei dynamisch beanspruchten Teilen eine möglichst homogene Verbindung verlangt wird. Auch an Omnibuskarosserien ist sie mit Erfolg angewandt worden.

35. Die Druckschweißung von Magnesiumlegierungen. Bei diesem Verfahren werden die Werkstücke unter sehr hohem Druck — mindestens 500 atü — und einer Temperatur von etwa 350° verschweißt. Es kommen nur Überlapptnähte zur Anwendung. Zwischen die Überlappung der vorher sauber gereinigten und mit Schaber oder Feile von der Oxydhaut befreiten Teile wird eine Zinkfolie von 0,02 bis 0,03 mm Dicke gelegt. Dann werden die Werkstücke auf die angegebene Temperatur erhitzt und unter dem genannten Druck verschweißt. Durch nachträgliches Glühen bei 300 bis 320° wird die dünne Zinkschicht in die Mg-Legierung hineindiffundiert und damit die Schweißung verbessert. — Die Druckschweißung ist bis heute nur in Sonderfällen angewandt worden.

V. Die elektrische Widerstandsschweißung.

36. Wirkungsweise und Anwendungsbereich. Die Widerstandsschweißung[1] beruht auf der Eigenschaft des elektrischen Stromes, daß er einen in den Stromkreis eingeschalteten Leiter — das Werkstück — an der Stelle des größten Widerstandes, d. h. unmittelbar neben der Schweißfuge, besonders stark erhitzt. Die Werkstücke werden im teigigen bis teilweise flüssigen Zustande unter Druck vereinigt.

Die erzeugte Wärmemenge in cal ist nach dem Jouleschen Gesetz

$$Q = 0{,}239\, J^2 \cdot R \cdot t\,.$$

Hierin ist J die Stromstärke in A (Ampere), R der Widerstand in Ω (Ohm) und t die Schweißzeit in s (Sekunden). Da bei der Widerstandsschweißung von Leichtmetallen, insbesondere bei der Punkt- und Nahtschweißung, der Widerstand verhältnismäßig gering ist und die Schweißzeit sehr kurz bemessen sein muß, was später noch genauer begründet wird, sind sehr hohe Stromstärken erforderlich, die die bei der Stahlschweißung benötigten Werte wesentlich übertreffen.

Als Widerstandsschweißverfahren für Leichtmetalle kommen in Frage: 1. Die Punktschweißung, 2. die Nahtschweißung und 3. die Stumpfschweißung.

Schweißbar sind Reinaluminium, Aluminium- und Magnesiumlegierungen im gewalzten Zustand, auch aushärtbare Legierungen. Guß mit Guß oder Guß mit Walzgut lassen sich nur schwer oder gar nicht schweißen. Aluminium kann durch Stumpfschweißung auch mit solchen Metallen verschweißt werden, mit denen es sich legieren läßt. Bei Schwermetallen müssen jedoch die Schweißstellen zur Vermeidung von Kontaktkorrosionen gegen Feuchtigkeit geschützt werden. Alle Widerstandsschweißungen kommen vornehmlich für die Massenfertigung in Frage.

A. Die Punktschweißung.

37. Verfahren. Unterschiede gegen die Stahlschweißung. Die zu schweißenden Werkstücke a_1 und a_2 werden nach Abb. 86 zwischen zwei stiftförmige Kupferelektroden b geklemmt. Beim Einschalten des Stromes nach Andrücken der Elektroden gegen die Werkstücke fließt der Strom durch diese, erhitzt sie an der Durchtrittsstelle auf Schweißtemperatur und stellt einen Schweißpunkt her.

Zwischen der Punktschweißung von Leichtmetallen und derjenigen von Stahl bestehen verschiedene Unterschiede. Da *ohne Flußmittel* gearbeitet wird, ist trotz vorheriger Entfernung der Oxydschicht zur Zerstörung des sich sehr schnell erneuernden Oxydfilmes ein *hoher Schweißdruck* erforderlich. Durch den hohen

[1] Vgl. auch Werkstattbuch Heft 73 „Widerstandsschweißen".

Schweißdruck wird während des Stromdurchflusses der *Übergangswiderstand* zwischen den Werkstücken — dieser ist für die Erzeugung der Schweißhitze maßgebend — *verringert.* Obwohl hierdurch die Stromaufnahme etwas steigt, wird dabei — ohne Berücksichtigung des Einflusses der Schweißzeit — eine Vergrößerung der Stromstärke durch Wahl einer höheren Regelstufe am Schweißumspanner notwendig.

Die *Schweißzeit* muß bei allen Leichtmetallen mit Rücksicht auf ihre hohe Strom- und Wärmeleitfähigkeit so *kurz wie möglich* bemessen sein. Eine zu *lange* Schweißzeit mit zu kleinem Schweißstrom bewirkt ein *Ausglühen* des Werkstoffes in größerem Bereich und damit bei kalt gewalzten und ausgehärteten Legierungen eine Herabsetzung der Festigkeit. Mit größerer Wärmeausbreitung wachsen auch die Wärmespannungen und Verwerfungen des Werkstückes.

Infolge des verhältnismäßig geringen elektrischen Widerstandes und der sehr kurzen Schweißzeit erfordern die Leichtmetalle wesentlich *höhere Stromstärken* und erheblich *größere elektrische Leistungen* als Stahl. Hieran ändert nichts die Tatsache, daß der auf den Rauminhalt bezogene Arbeitsaufwand zum Schweißen bei Leichtmetallen bedeutend kleiner als bei Stahl ist. Aus den genannten Gründen schon ist es erklärlich, daß eine für Stahl geeignete Punktschweißmaschine nicht ohne weiteres oder unter Umständen gar nicht für Leichtmetalle brauchbar ist.

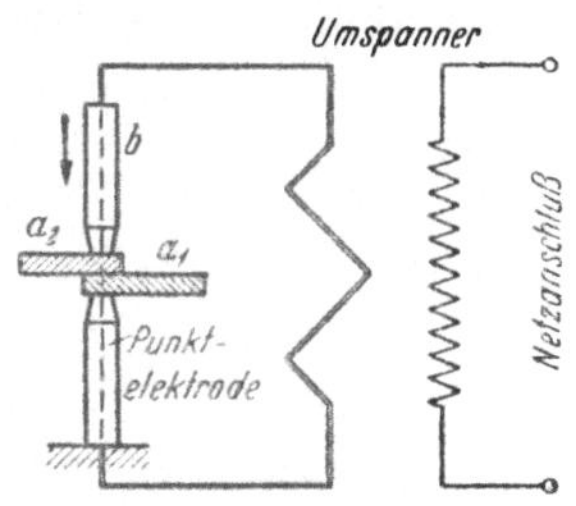

Abb. 86. Schema der Punktschweißung.

38. Besondere Eigenschaften der Punktschweißmaschinen für Leichtmetalle. Außer den für gewöhnliche Punktschweißmaschinen nötigen Eigenschaften wird von den Punktschweißmaschinen für Leichtmetalle verlangt:

1. Genaue Regelung und Steuerung des Schweißstromes.
2. Genaue Einstellbarkeit des Elektrodendruckes.

Die *Regelbarkeit* des Umspanners muß, besonders bei Maschinen mit hoher Leistung und veränderlicher Armausladung in weiten Grenzen möglich und sehr feinstufig sein, damit die Stromstärke den verschiedenen Blechdicken und Legierungen angepaßt werden kann. Die Regelung kann durch Steck-, Flachbahn- oder Walzenschalter erfolgen.

Von allergrößter Wichtigkeit ist die *Steuerung* des Schweißstromes, d. h. die Regelung der Schweißzeit und der stromlosen Pausen. Durch Begrenzung der Schweißzeit soll unter Voraussetzung gleicher Schweißstromstärke jedem Punkt die gleiche Menge elektrischer Arbeit zugeführt werden. Die sehr kurzen Schweißzeiten, d. h. die Einschaltzeiten des Schweißstromes, die zwischen 1 und 20 Perioden liegen (eine Periode $= {}^1/_{50}$ s) und in besonderen Fällen noch kürzer sind, lassen sich am besten durch *elektrische* Steuerungen erreichen. Rein mechanische Schweißzeitbegrenzer sind hier nicht brauchbar, da sich bei ihnen die Einschaltzeiten durch Abnutzung, Kälte- und Wärmeeinfluß, sowie durch Störungen an den Getriebeteilen häufig ändern.

Elektrische Steuerungen, die den obengenannten Ansprüchen gerecht werden, sind *gittergesteuerte Stromrichter* und die *Kaskadensteuerung.* Die Steuerung mittels Modulator eignet sich nur als reine Nahtsteuerung und kommt für verschiedene Leichtmetalle auch nur dann in Frage, wenn das Modulationsverhältnis genügend hoch ist.

Gittergesteuerte Quecksilberdampf-Stromrichter lassen den Strom in einem ganz bestimmten, nach einzelnen Wechselstromperioden oder Bruchteilen von diesem zu bemessenden Takt durch oder unterbrechen ihn, je nachdem ob den

Gittern ein Potential zugeführt wird, das ihren Kathoden gegenüber positiv oder negativ ist. Mit dieser Steuerungsart lassen sich Schweißzeiten von $^1/_2$ Periode und darunter erreichen. Der Strom wird plötzlich eingeschaltet, auf die eingestellte Anzahl Perioden in der von der Umspannerregelstufe abhängigen Stärke beibehalten und dann bei einem bestimmten Nulldurchgang plötzlich ausgeschaltet. Die gittergesteuerten Stromrichtergefäße sind von der Maschine räumlich getrennt aufgestellt.

In schwierigen Schweißfällen, d. h. bei empfindlichen Werkstoffen ist es besser, den Strom *nicht ganz plötzlich* einzuschalten, sondern ihn *anschwellen* und ebenso vor dem Ausschalten abschwellen zu lassen. Diese Forderung wird durch eine neuere Maschinensteuerung, die sog. *Kaskadensteuerung*, erfüllt. Mit ihr können Stromstöße von weitgehend regelkarer Zeitdauer entweder einzeln für die Punktschweißung oder mit dazwischenliegenden, ebenfalls einstellbaren Pausen in regelmäßiger Folge für die Nahtschweißung erzeugt werden.

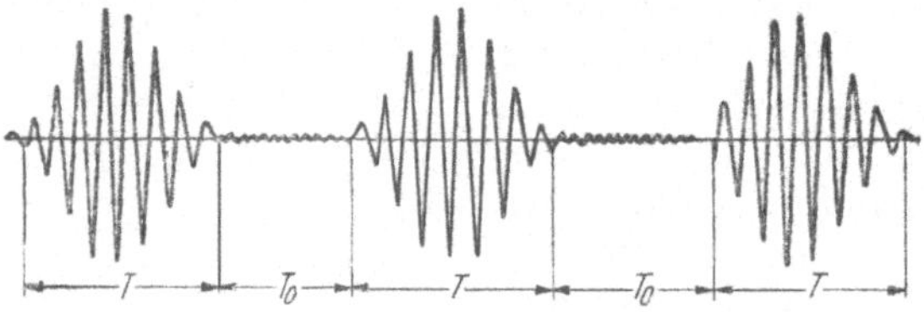

Abb. 87. Spannungswellen bei der Kaskadensteuerung. T = Stromzeit; T_0 = Strompause.

Die mit der Kaskadensteuerung[1] erzeugten Spannungswellen sind in Abb. 87 wiedergegeben. Mit dieser Wellenform kann man ohne weitere Hilfsmittel dichte Nahtschweißungen an sämtlichen Leichtmetallegierungen erzeugen. Bei der Punktschweißung wird je Punkt nur ein Spannungsstoß auf den Schweißmaschinenumspanner über einen Hilfsschalter freigegeben, der betätigt wird, sobald die Elektroden unter Druck gekommen sind.

Durch eine besondere Ausbildung der Steuerung können zur besseren Ausnutzung der Anlage bis zu vier Punktschweißmaschinen an eine Kaskadensteuerung angeschlossen werden, ohne dadurch den Anschlußwert des Schweißmaschinennetzes zu erhöhen. Hierdurch werden Anlagekosten erspart.

Der *Schweißdruck* muß entsprechend der Blechdicke und insbesondere der zu schweißenden Legierung genau einstellbar sein. Die obere Elektrode, die diesen Druck ausübt, wird maschinell oder auch durch Öldruck oder Preßluft betätigt. Immer müssen gleichbleibende Elektrodenkräfte erzeugt werden, die sich auch beim Abnutzen oder Verstellen der Elektroden nicht ändern. Auch kann die Elektrodenkraft durch ein Luft- oder Öldruckkissen gesteuert werden, das von den Einrichtungen zur Erzeugung des Elektrodenhubes unabhängig ist. Da die obere Elektrode verhältnismäßig langsam und weich auf das Werkstück treffen soll, scheiden Gewichte wegen ihrer schlagartigen Wirkung aus.

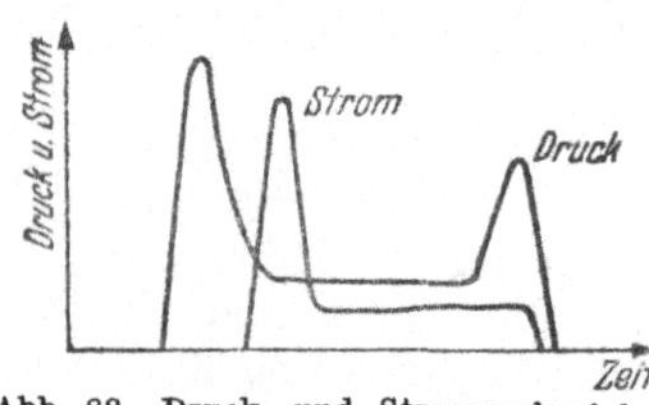

Abb. 88. Druck- und Stromverlauf bei der Programmsteuerung.

Bei hochfesten, kupferhaltigen Al-Legierungen hat man versucht, Druck und Strom nach einem bestimmten „Programm“ während des Schweißens zu ändern. Diese *Programmsteuerung* kann sich auf den Strom, auf den Druck und auf beide Größen erstrecken. Abb. 88 zeigt den Druck- und Stromverlauf während eines Schweißvorganges. Durch den gegenüber dem Schweißdruck erhöhten Anfangsdruck wird die Schweißstelle vorbereitend beeinflußt (Zerstörung der Oxydhaut), und nach erfolgter Schweißung folgt eine Wärmebehandlung mit geringerem Strom und erhöhtem Enddruck. Ein erhöhter Anfangsdruck wird auch durch entsprechende Ausbildung der Elektrodenspitzen erreicht (vgl. Abb. 91 und 92).

[1] E. RIETSCH: Die neueste Steuerung für elektrische Punkt- und Nahtschweißmaschinen. Elektroschweißung 1939, S. 165.

Auch an die obere Elektrode selbst sind gewisse Anforderungen zu stellen. Ihre Masse soll möglichst klein sein, damit sie dem nachgebenden Schweißpunkt schnell genug folgen und die notwendige Stauchung erzeugen kann. Aus diesem Grunde werden für hochwertige Schweißungen Maschinen mit senkrecht geführter oberer Elektrode bevorzugt, da bei ihnen die Masse des bewegten Teiles erheblich geringer ist als bei Maschinen mit schwingendem Oberarm. Bei letzteren wirkt sich die schwingende Bewegung durch seitlichen Schub auch ungünstig auf die Schweißpunktoberfläche aus, wenn die Schweißpunktlinse und der Oberarmdrehpunkt nicht in einer Ebene liegen. Zudem hat der schwingende Oberarm in der Regel neben der Druckübertragung auch noch den Schweißstrom zu leiten, was bei Höchstleistungsmaschinen ungünstig ist, weil er beim Auftreten magnetischer Kräfte gerade im Augenblick der Schweißung zu einer Druckentlastung der Schweißstelle führt.

Die *Mittelfrequenz*-Doppelpunkt-Schweißmaschine [1] arbeitet abweichend von den bisher beschriebenen Maschinen (50 Perioden/s) mit 1000 Perioden/s. Infolgedessen fallen die Schweißumspanner sehr klein aus und können dicht an die Elektroden herangebracht werden. Ferner ist auch die Ausladung, die bei den anderen Maschinen durch die Länge der Elektrodenarme begrenzt ist, hier nicht beschränkt. Die Mittelfrequenzschweißmaschine kann außer der ortsfesten Bauart auch als Punktschweißzange ausgeführt werden. Als besonderer Vorteil wird eine weitgehende Unempfindlichkeit gegenüber Änderungen des Übergangswiderstandes an der Schweißstelle und damit eine Unempfindlichkeit gegenüber Druckschwankungen genannt. Infolge der höheren Frequenz kann der Schweißstrom um etwa 30% kleiner sein als bei 50 Perioden/s.

Die Buckelschweißung ist für Leichtmetalle nicht anwendbar, auf keinen Fall für dünne Bleche, da der Werkstoff an der Berührungsfläche des Buckels mit dem Gegenblech sich sehr schnell erhitzen und ein Loch ausbrennen würde, weil der Schweißdruck dem Erwärmungsvorgang nicht schnell genug folgen kann.

39. Stromstärke, Schweißzeit und Elektrodendruck beim Punktschweißen. Die Stromstärke ist von wesentlichem Einfluß auf die Punktfestigkeit. Mit zunehmender Stromstärke wächst der Punktdurchmesser und damit auch bei den meisten Legierungen die Punktfestigkeit. Nur bei der Gattung Mg-Al 6 wurde bei nahezu gleichbleibendem Punktdurchmesser mit zunehmender Stromstärke ein Festigkeitsabfall festgestellt, der sich durch stärkere Porigkeit der Punkte erklären läßt.

Die *Einstellung* der Stromstärke hängt von der Blechdicke und der zu verschweißenden Legierung ab. Sie liegt für Reinaluminium zwischen 15000 und 30000 A, für die häufig gebrauchten Al-Konstruktionslegierungen zwischen 15000 und 40000 A. Bei den Mg-Legierungen kommen Stromstärken zwischen 12000 und 25000 A in Frage.

Die *Schweißzeit* hat auf den Punktdurchmesser und die Punktfestigkeit geringeren Einfluß als die Stromstärke. Sie soll bei den Al-Legierungen grundsätzlich *nicht zu kurz* gewählt werden. Schweißzeiten unter einer Periode kommen für Bleche nicht in Frage; nur für Aluminiumfolien von 0,05 mm Dicke betragen die Schweißzeiten $^1/_2$ Periode und weniger. Die Schweißzeit nimmt mit der Blechdicke zu. Ihr praktischer Höchstwert liegt für Reinaluminium bei etwa 12 bis 14 Perioden, für Al-Legierungen bei etwa 10 bis 14 Perioden. Auf alle Fälle soll

[1] H. MÄDER u. G. HAGEDORN: Über das Punktschweißen von Leichtmetallen mit Mittelfrequenz. Elektroschweißung 1943, S. 1; ferner: H. MÄDER: Die Mittelfrequenz-Schweißmaschine und ihr Einsatz beim Punktschweißen der Leichtmetalle. Werkstatt und Betrieb 1943, S. 2.

man nicht über 20 Perioden gehen. Meist liegt auch die Regelgrenze der Schweißmaschinensteuerung schon bei etwa 14 Perioden.

Bei dünnen Blechen (bis 1 mm Dicke) bleibt der Punktdurchmesser mit zunehmender Schweißzeit nahezu unverändert, während bei Blechen über 1,5 mm Dicke mit längerer Schweißzeit auch der Punktdurchmesser und mit diesem die Punktfestigkeit entsprechend zunehmen. Bei der Mg-Legierung Mg-Al 6 nimmt die Punktfestigkeit jedoch schon bei einer Schweißzeit von mehr als 2 Perioden ab, während sich die Punktgröße kaum ändert.

In der Regel sinken Punktdurchmesser und Punktfestigkeit mit zunehmendem *Elektrodendruck*; dies trifft bei Aluminium und seinen Legierungen immer zu. Im Gegensatz hierzu wurde bei einigen Mg-Legierungen mit zunehmendem Elektrodendruck ein Anwachsen des Punktdurchmessers und der Punktfestigkeit festgestellt.

Der *Elektrodendruck* liegt bei Reinaluminium zwischen 100 und 150 kg, bei den Aluminiumlegierungen zwischen 120 und 250 kg, bei den Magnesiumlegierungen zwischen 120 und 200 kg. Elektrodendruck und Stromstärke müssen so eingestellt werden, daß die beim Schweißen aufgeschmolzene Zone bzw. die Gefügeänderung nicht bis an die Blechoberfläche reicht, wie in Abb. 89 dargestellt ist. Bei einem Durchdringen der Gefügeänderung bis an die Blechoberfläche (Abb. 90), was auch bei längeren Schweißzeiten eintritt, ist die Korrosionsbeständigkeit der Schweißstelle vermindert. Die höchste Punktfestigkeit läßt sich nur bei bestimmten Werten von Stromstärke, Schweißzeit und Elektrodendruck erreichen, die jeweils durch Versuche ermittelt werden müssen. Einige Anhaltspunkte sind in Tabelle 19 für verschiedene Legierungen zusammengestellt. — Die Ausführungen über Mg-Legierungen, auch bei der Naht- und Stumpfschweißung, stützen sich nur auf Versuche, die noch nicht abgeschlossen sind.

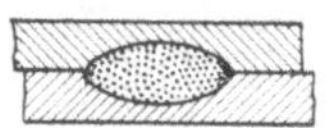
Abb. 89.

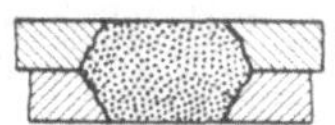
Abb. 90.

Abb. 89 u. 90. Gefügeänderungen bei der Punktschweißung.

Tabelle 19. Stromstärke, Schweißzeit und Elektrodendruck beim Punktschweißen.

Werkstoff Blechdicke 0,3—3 mm	Stromstärke A	Schweißzeit Perioden	Elektrodendruck kg
Reinaluminium . . .	15000···30000	2···12	100···150
Al-Mg-Si	20000···35000	5···10	120···180
Al-Mg	15000···25000	2···10	120···180
Al-Cu-Mg	20000···40000	5···10	180···250
Mg-Mn	12000···25000	1···10	120···220
Mg-Al 6	12000···20000	1···8	120···220

40. Schweißbare Blechdicken. Vorbereitung der Werkstücke. Bei Leichtmetallen betragen die schweißbaren Blechdicken nur rund $^1/_6$ derjenigen von Stahl. Sie liegen bei Reinaluminium zwischen 0,1 und 3 mm, bei gut schweißbaren Al-Legierungen kann man in Sonderfällen bis zu 5 mm Einzelblechdicke gehen, in der Regel liegt aber auch hier die Grenze bei 3 mm. Magnesiumlegierungen lassen sich zwischen 0,3 und 3 mm Einzelblechdicke punktschweißen.

Es können auch mehr als zwei Bleche gleichzeitig oder auch verschiedene Blechdicken miteinander verschweißt werden. In diesem Falle ist annähernd die *kleinere* Blechdicke maßgebend. Man kann z. B. ein 8-mm-Blech mit einem 2-mm-Blech wie zwei 3-mm-Bleche verschweißen.

Vor dem Schweißen müssen die Bleche stets an den Berührungsflächen mit den Elektroden von der Oxyd- bzw. Walzhaut durch Schaben, Bürsten oder Schmirgeln befreit werden. Mechanisch betätigte feine Drahtbürsten, Fiberbürsten oder feine Schmirgelscheiben leisten hierbei gute Dienste. Die Reinigung kann auch chemisch durch Beizen erfolgen. Dies ist insbesondere bei eingefetteten Blechen zu empfehlen. Das Beizen ist auch bei Massenfertigung sehr vorteilhaft, da es sich schnell und billig durchführen läßt. Über die Zusammensetzung der Beizflüssigkeiten geben die Lieferwerke der Leichtmetallbleche Auskunft. Ein Nachteil ist aber die meist geringere Punktfestigkeit gebeizter Bleche[1].

Bei einseitigem Bürsten der Bleche aus Al-Legierungen und Belassen der Walzhaut zwischen ihnen sind nicht nur infolge Erhöhung des Übergangswiderstandes kleinere elektrische Leistungen erforderlich, sondern es ergeben sich auch meist höhere Punktfestigkeiten als bei beiderseitig behandelten Blechen[1]. — Bei Mg-Legierungen müssen die Bleche mindestens an der Elektrodenseite gereinigt werden; dagegen kann die Oberflächenvorbereitung bei Reinaluminium und verschiedenen aluminiumplattierten Werkstoffen unterbleiben.

Die Reinigung der Außenflächen ist deshalb sehr wichtig, da sonst ein schlechter elektrischer Kontakt entsteht, der die Schweißung beeinträchtigt und auch zu Verschmorungen der Werkstückoberfläche führen kann.

Alle zu schweißenden Teile müssen sehr gut aufeinander passen. Beulen und hohlliegende Stellen sind unbedingt zu vermeiden. Während beim Stahlschweißen Beulen infolge der Plastizität des Werkstoffes durchgedrückt und in der Regel auch verschweißt werden können, führen bei Leichtmetallen schlecht aufeinander passende Stellen fast stets zu einem Durchbrennen des Werkstoffes, es entstehen Löcher oder zumindest Fehlstellen.

41. Elektroden. Für Leichtmetall kommen vorwiegend Elektroden aus Elektrolytkupfer in Frage. Elektroden aus Kupferlegierungen sind zwar härter, haben aber größeren elektrischen Widerstand und geringere Wärmeleitfähigkeit, sie erwärmen stärker und neigen zum Festkleben am Werkstück. Da Elektrolytkupfer recht weich ist, müssen die Elektrodenspitzen durch Kalthämmern gehärtet werden. Diese Härtung kann im Betriebe nur durch eine gute, bis in die Elektrodenspitze reichende Wasserkühlung erhalten bleiben. Die Kupferdicke zwischen der Arbeitsfläche der Elektroden und dem Kühlwasser soll höchstens 10 mm betragen. Auch gekröpfte Elektroden müssen gut mit Wasser gekühlt werden.

Die *Formen* der Elektrodenspitzen sind in Abb. 91 und 92 dargestellt. Ballige oder kegelige Spitzen haben den Vorteil, daß durch ihre anfänglich geringeren Berührungsflächen mit den Blechen vor dem Schweißen ein hoher Flächendruck erzeugt wird. Dieser ist aber zur Zerstörung der trotz erfolgter Reinigung neu gebildeten Oxydhaut erforderlich, um den Durchtritt des Stromes und dadurch die Verschweißung zu ermöglichen. Mit dem Erweichen des Schweißwerkstoffes sinkt die Elektrode ein, die Berührungsfläche wird größer und gleichzeitig der bezogene Flächendruck kleiner. Die Kegelform nach Abb. 92 ist einfach auf der Drehbank herzustellen, hat aber den Nachteil, daß sie im Betriebe schwer zu erhalten ist. Die Gegenelektrode kann auch flach ausgebildet werden, es bleibt dann eine Werkstückseite vollkommen eben.

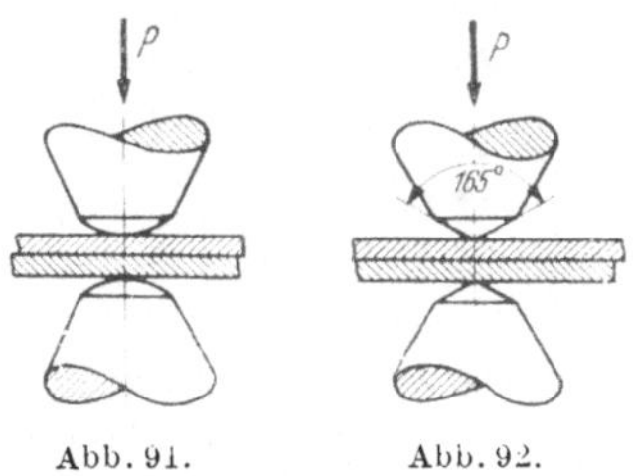

Abb. 91 u. 92. Formen von Elektrodenspitzen.

Bei der Schweißung bleibt auf den Elektrodenspitzen ein *Belag* zurück, der nach etwa 10 · · · 30 Punkten mit feinem Schmirgel oder einer abgenutzten Schlichtfeile entfernt werden muß, da sonst leicht die Elektrode am Werkstück klebt und Kupferteilchen auf die Werkstückoberfläche übergehen, die dann zu Kor-

[1] E. v. Rajakovics u. E. Blohm: Einfluß der Oberflächenbeschaffenheit beim Punktschweißen von Leichtmetallen. Z. VDI 1940, S. 555.

rosionen Anlaß geben. Eine Entfernung des Belages mit einer neuen Feile oder einem Taschenmesser ist unbedingt zu vermeiden, da hierdurch die Elektrodenspitzen beschädigt werden. Etwaige Beschädigungen der Elektrodenarbeitsflächen lassen sich nur durch Abdrehen beseitigen. Allgemein muß auf eine leichte Auswechselbarkeit der Elektroden Wert gelegt werden.

42. Ausführung der Punktschweißung. Für die Güte einer Punktschweißung ist außer den bereits genannten Größen: Stromstärke, Schweißzeit und Elektrodendruck auch der gegenseitige Abstand der Punkte von wesentlicher Bedeutung. Ein Teil des Stromes umgeht durch den Nebenschluß schon geschweißter Punkte den Schweißpunkt und verkleinert hierdurch nicht nur seinen Durchmesser, sondern glüht auch den Werkstoff zwischen den einzelnen Punkten aus, was bei kaltverfestigten und ausgehärteten Legierungen für die Festigkeit der Verbindung nachteilig ist. Die Festigkeit des Einzelpunktes nimmt daher mit kleiner werdendem Punktabstand t (Abb. 93) ab. Daher soll dieser nicht zu gering sein. Andererseits muß berücksichtigt werden, daß die Nahtfestigkeit, d. h. die auf den Blechquerschnitt bezogene Festigkeit, mit abnehmender Punktentfernung steigt. Der Punktabstand muß nach den an den betreffenden Bauteil gestellten Festigkeitsansprüchen im Einzelfalle festgelegt werden, allgemein gültige Werte gibt es hierfür nicht. Der seitliche Abstand $\frac{1}{2}$ ü der Punkte von der Blechkante (Randabstand) darf nicht zu gering sein, da sonst die Gefahr eines seitlichen Ausreißens der Punkte besteht. Außerdem wird bei zu geringem Randabstand der im hocherhitzten Zustand verschweißte Werkstoff am Rande herausgedrückt, und die Elektrodenspitze sinkt entsprechend tief in den Werkstoff ein.

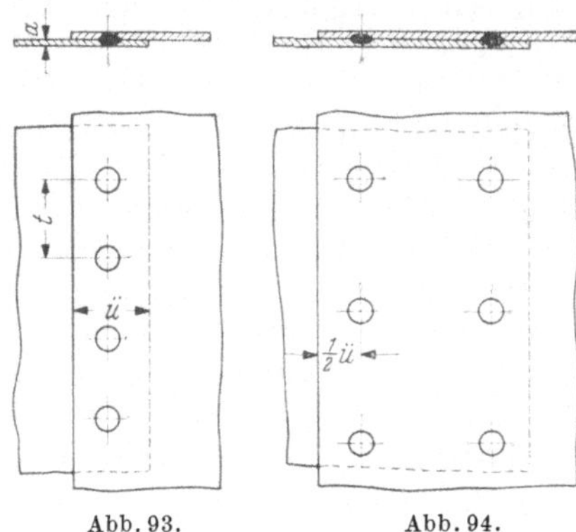

Abb. 93. Abb. 94.
Abb. 93 u. 94. Anordnung der Schweißpunkte.

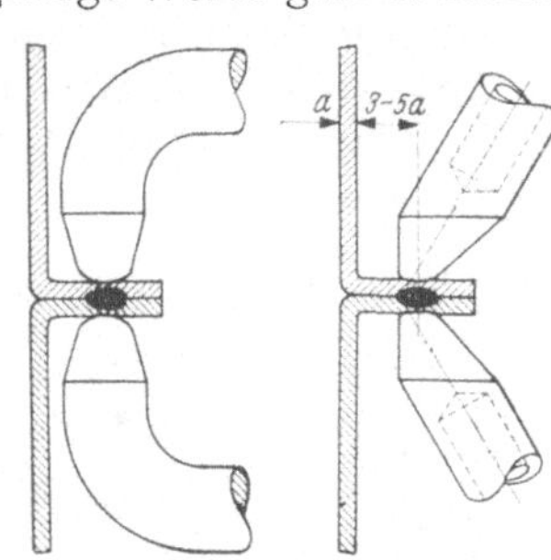

Abb. 95. Abb. 96.
Abb. 95 u. 96. Schweißen abgekanteter Bleche.

Stark beanspruchte Nähte führt man in zwei Punktreihen nach Abb. 94 aus. Es kann dann bei gleicher Punktzahl der Punktabstand vergrößert werden, wodurch die Nebenschlußwirkung mit ihren unangenehmen Begleiterscheinungen abgeschwächt und die Festigkeit der Einzelpunkte vergrößert wird.

Allgemein muß beim Entwurf eines punktgeschweißten Bauteiles darauf geachtet werden, daß man mit den Elektroden ohne Schwierigkeiten an die Schweißstellen herankommen kann. Beim Schweißen abgekanteter Bleche arbeitet man entweder mit gekröpften oder besser mit schräggestellten Elektroden, deren Spitzen entsprechend ausgebildet sein müssen (Abb. 95 und 96).

Der Leistungsbedarf für Punktschweißungen richtet sich nach der Blechdicke und der Legierung. In Abb. 97 ist der Leistungsbedarf für Reinaluminium und einige Aluminiumlegierungen bei Blechdicken von 0,5···3 mm angegeben.

43. Festigkeit punktgeschweißter Verbindungen. Vergleichende Festigkeitsversuche von Schweißpunkten mit den für die betreffende Blechdicke in Frage kommenden Nieten (Nietdurchmesser $d = 1{,}5$mal Blechdicke $+ 2$ mm) haben ergeben[1], daß die Scherfestigkeit des Schweißpunktes fast immer die des Nietes erreicht und vielfach sogar übersteigt Abb. 98 stellt die Festigkeitswerte von Einzelpunkten und Einzelnieten für Aluminium- und Magnesiumlegierungen in Abhängigkeit von der Blechdicke dar. Die erzielbare ***Punktfestigkeit*** steigt bei Al-Legierungen nahezu linear mit der Blechdicke an, bei Mg-Legierungen dagegen, insbesondere bei der Legierung Mg-Al 6, ergeben sich bei dickeren Blechen wesentlich höhere Festigkeiten.

Die erreichbaren *Nahtfestigkeiten* liegen bei einreihigen, einschnittigen Punktnähten und Blechdicken von 1 und 2 mm zwischen 50 und 80% der Blechfestigkeit, je nach Art und Zustand des Werkstoffes. Bei zweireihigen einschnittigen Punktnähten an 1···2 mm dicken Blechen sind Nahtfestigkeiten von 70···100% der Blechfestigkeit erreicht worden.

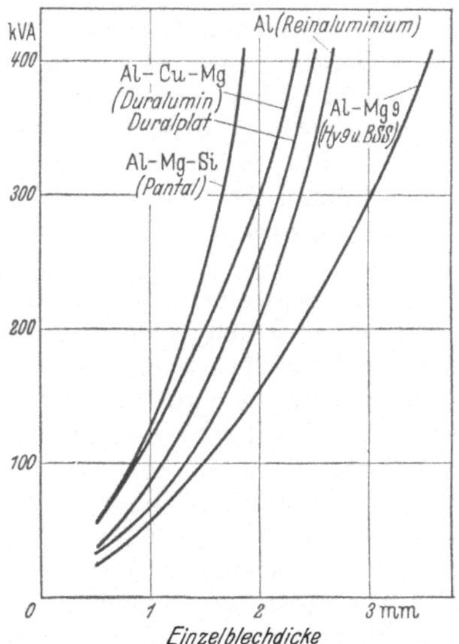

Abb. 97. Leistungsbedarf beim Punktschweißen.

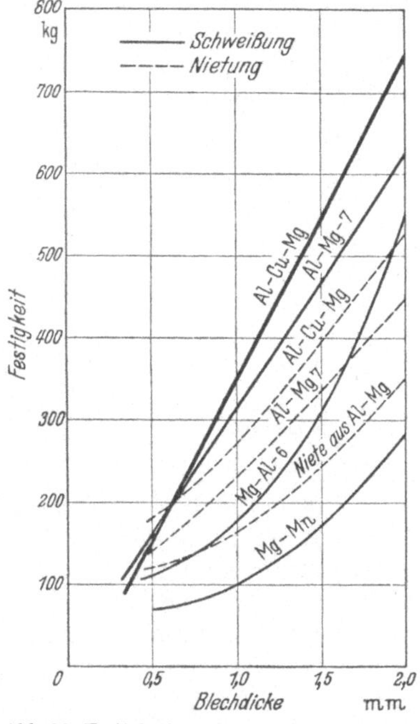

Abb. 98. Festigkeitswerte von Einzelpunkten und Einzelnieten.

Die besten Festigkeitswerte ergeben Reinaluminium und die Legierungsgattung Al-Mg 7, hierauf folgen die aushärtbaren Aluminiumlegierungen Al-Mg-Si und Al-Cu-Mg, deren Nahtfestigkeit bei einreihiger Punktnaht etwa 55% und bei zweireihiger Punktnaht etwa 65% der Blechfestigkeit erreicht. Ungünstiger liegen die Verhältnisse bei den Mg-Legierungen; hier kommt die Festigkeit der einreihigen Punktnaht nur bis zu etwa 40% und die der zweireihigen Punktnaht nur bis zu etwa 50% der Blechfestigkeit.

Bei Punktschweißungen an aushärtbaren Al-Legierungen kann die Festigkeit durch nachträgliches Aushärten erhöht werden. Auch bei nicht aushärtbaren Werkstoffen empfiehlt sich, soweit es die Werkstücke zulassen, nach dem Schweißen eine Glühbehandlung zum Ausgleich der Verarbeitungsspannung.

Die Dauerfestigkeit von Punktverbindungen hängt weniger von dem Durchmesser des Einzelpunktes als vielmehr von der gegenseitigen Lage der Punkte ab. Die Ursprungsfestigkeit des Einzelpunktes beträgt etwa das 0,2···0,33fache seiner statischen Festigkeit.

[1] C. HAASE: Punkt- und Nahtschweißung von Leichtmetallen. Z. VDI 1940, S. 89.

B. Die Nahtschweißung.

44. Arbeitsverfahren. Unterschiede gegenüber der Punktschweißung. Die Nahtschweißung hat sich aus der Punktschweißung durch dichtes Aneinanderreihen von Schweißpunkten entwickelt. Eine Schweißnaht, die aus einzelnen, sich überschneidenden Punkten besteht, ist wohl wasser- und öldicht, aber in ihrer Herstellung zu umständlich. Man hat daher die stiftförmigen Punktelektroden durch scheibenförmige Rollenelektroden ersetzt, die maschinell angetrieben werden. Das Schema der Nahtschweißung zeigt Abb. 99. Die Bleche laufen zwischen den unter Druck stehenden Rollenelektroden hindurch und werden durch genau abgemessene Stromstöße, die in regelmäßiger schneller Folge durch sie hindurchgeschickt werden, in dicht nebeneinander liegenden bzw. sich überdeckenden Punkten miteinander verschweißt.

Gegenüber der Punktschweißung hat die Nahtschweißung den Vorzug geringerer Elektrodenabnutzung, da die Berührungsstelle mit dem Werkstück dauernd wechselt und während einer Rollenumdrehung auch gut auskühlen kann. Die Rollen brauchen seltener gereinigt zu werden als die Punktelektroden. Infolge des selbsttätigen Werkstückvorschubes ist auch die effektive Leistung in Schweißpunkten je Schicht erheblich größer als bei der Punktschweißung. Die Leichtmetallnahtschweißung ist im Mittel bis zu 3 mm Einzelblechdicke ausführbar.

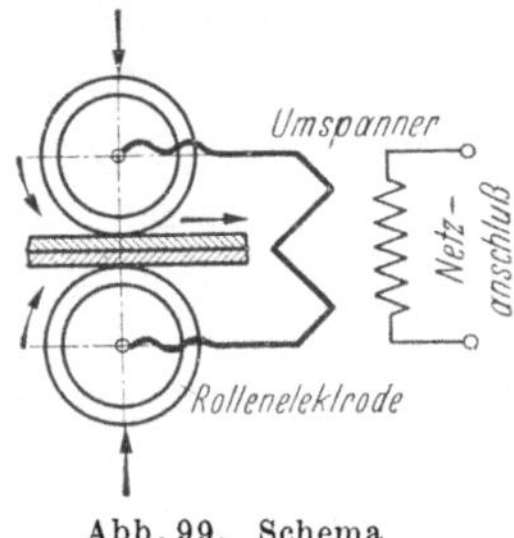

Abb. 99. Schema der Nahtschweißung.

Für die *Steuerung* von Schweißstrom und Rollenbewegung ist zu bemerken, daß sich Leichtmetallnähte nur in *einzelnen Punkten* herstellen lassen, von denen jeder für sich mit Hilfe eines kurzen Stromstoßes geschweißt wird. Das für dünne Stahlbleche brauchbare Verfahren mit dauernd eingeschaltetem Strom scheidet hier aus. Auch die in der Stahlschweißung üblichen Verfahren der mechanischen Stromschaltung sind für Leichtmetalle nicht brauchbar. Die kurzen Schweißzeiten und die genaue Bemessung der Schweißenergie lassen sich im Gegensatz zur Punktschweißung nur mit elektrischen Steuerungen erreichen. Von diesen ist die *Modulatorsteuerung* bei genügend hohem Modulationsverhältnis für leichter schweißbare Legierungen brauchbar. Dagegen eignet sich auch für schwierige Fälle und empfindliche Werkstoffe die *Stromrichtersteuerung*, die bei der Punktschweißung auf S. 43/44 beschrieben ist. Die ebenfalls an dieser Stelle dargestellte *Kaskadensteuerung*, die infolge ihres Aufbaues eine wesentlich größere Betriebssicherheit besitzt und auch schweißtechnische Vorteile bietet, genügt allen Ansprüchen, soweit es sich nicht um ganz seltene Sonderaufgaben handelt. Die mit dieser Steuerungsart zum Schweißen einer dichten Naht erzeugten Spannungswellen sind in Abb. 87 dargestellt. Für das Schweißen von Heftnähten, deren Einzelpunkte einen größeren Abstand haben, kann die Kaskadensteuerung in der Weise benutzt werden, daß abweichend von Abb. 87 jeweils mehrere Spannungswellen ausgeschaltet und dadurch die stromlosen Pausen vergrößert werden (Abb. 100). Eine solche Heftnaht kommt praktisch einer Punktschweißnaht mit genau gleichmäßigen Punktabständen und Lage der Punkte in gerader Linie gleich. Hierzu kommt noch die durch die Rollen stark vereinfachte Führung des Werkstückes.

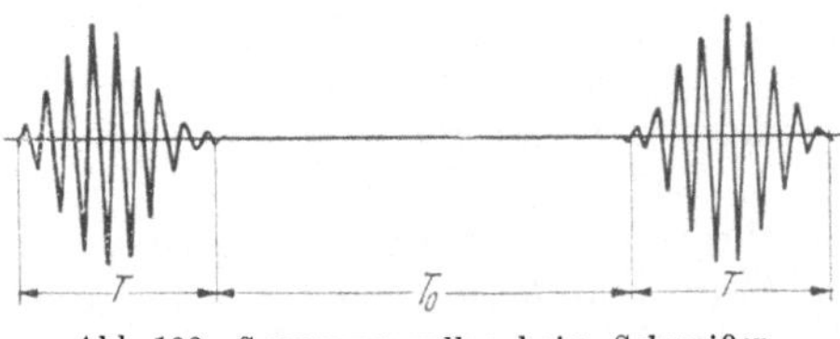

Abb. 100. Spannungswellen beim Schweißen von Heftnähten. T = Stromzeit; T_0 = Strompause.

Daher sollte man die Nahtschweißung auch bei größeren Punktabständen anwenden, sofern die Gestalt des Werkstückes dies gestattet.

45. Schweißbare Blechdicken. Vorbereitung der Werkstücke. Es können alle die Legierungen, die sich punktschweißen lassen, auch durch die Nahtschweißung verbunden werden; die größte schweißbare Blechdicke beträgt bei Reinaluminium 2mal 3 mm, bei den Al- und Mg-Legierungen bis zu 2mal 2,5 bzw. 2mal 3,5 mm. Eine gewisse Minderleistung gegenüber der Punktschweißung ist dadurch zu erklären, daß, besonders bei Dichtnähten mit sich überlappenden Schweißpunkten der Nebenschluß durch die schon geschweißte Naht störender in Erscheinung tritt als bei der Punktschweißung.

Vor dem Schweißen müssen die Bleche, ebenso wie bei der Punktschweißung, sorgfältig von der Oxydhaut (siehe auch Abschnitt 40, S. 46) gereinigt werden. Als Nahtform kommt nur die Überlappnaht nach Abb. 101 in Frage. Das Überlappungsmaß *ü* soll mindestens die 5fache Einzelblechdicke betragen. Die sog. verpreßte oder verquetschte Naht und ebenso auch die schräg überlappte Naht sind für Leichtmetalle nicht brauchbar, da sie ungenügende Festigkeit aufweisen und unsaubere Schweißungen ergeben. Eck- und Bördelschweißungen zeigen Abb. 102 und 103. Die Bördelkanten sollen nicht scharf, sondern mit einem kleinen Halbmesser hergestellt werden. Die Naht soll sowohl von der Blechkante als auch von der Bördelecke genügenden Abstand haben, damit der verhältnismäßig geringe Schweißdruck an der Schweißstelle selbst gleichmäßig und in voller Höhe wirksam werden kann. Der Bördelstoß wird beim Einschweißen von Böden in Behälter angewandt und eignet sich auch zum Zusammenschweißen großer Blechtafeln, wenn für eine gewöhnliche Überlappnaht die Armausladung der Schweißmaschine nicht ausreicht. Hier kann auch die Dehnungsfähigkeit des Bördelstoßes vorteilhaft sein.

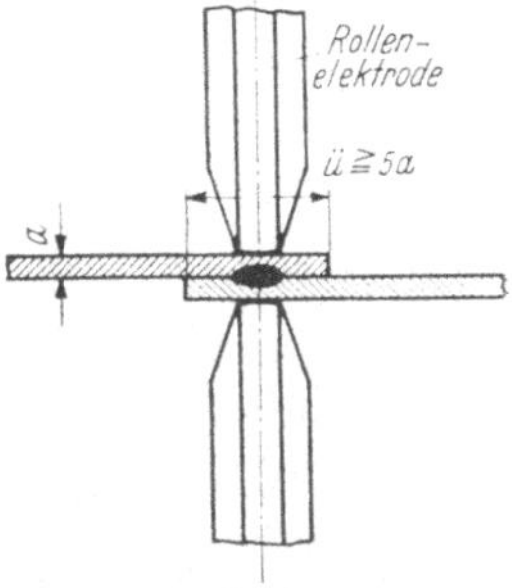

Abb. 101. Überlappnaht.

Beliebig lange Nähte können ohne Schwierigkeiten geschweißt werden, jedoch müssen die zu verschweißenden Blechtafeln oder -streifen genauestens ausgerichtet sein. Sobald ein Nahtstück geschweißt ist, ist eine Berichtigung der gegenseitigen Lage nicht mehr ohne Beulenbildung möglich.

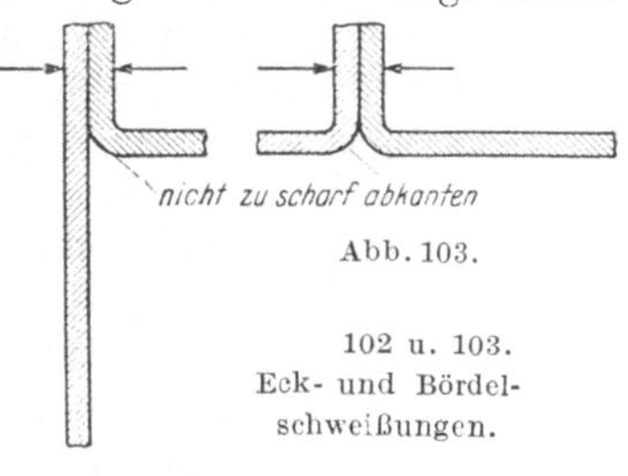

Abb. 103.

102 u. 103. Eck- und Bördelschweißungen.

46. Elektroden. Für die Rollenelektroden kommen dieselben Werkstoffe wie für Punktelektroden in Frage, ebenso wird bei ihnen eine ausgiebige Wasserkühlung angewandt. Beide Rollen werden mit stufenlos regelbarer Geschwindigkeit angetrieben, was bei den Leichtmetallen wegen ihrer glatten Oberflächen unerläßlich ist. Die bei der Stahlschweißung benutzten Schlepprollen sind hier ungeeignet. Unerläßlich ist eine genau *gleiche Umfangsgeschwindigkeit* der Rollen. Schon bei kleineren Unterschieden tritt ein Rutschen ein, das zu Fehlschweißungen und insbesondere zu Brandfurchen führt. Durch Einbau eines Ausgleichgetriebes werden auch bei Abweichungen in den Rollendurchmessern gleiche Umfangsgeschwindigkeiten gewährleistet.

Der Schweißstrom wird der Elektrodenrolle unmittelbar durch die Gleitlager zugeführt. Für ein bequemes und wirtschaftliches Arbeiten ist es wichtig, daß die Nähte in *beiden Richtungen* geschweißt werden können. Um die Drehrichtung der Rollen augenblicklich umkehren zu können, ist an neueren Maschinen ein kleiner Fußkippschalter angeordnet.

47. Leistungen und Festigkeitswerte. Beim Schweißen dichter Nähte beträgt die Schweißzeit je Punkt (Stromzeit) im allgemeinen nicht unter 2 Perioden, die stromlose Pause (Strompause) höchstens die dreifache Zeit. Bei dickeren Blechen und Heftnähten arbeitet man mit längeren Stromzeiten, während die Strompausen bei den Heftnähten ein Vielfaches der Stromzeit erreichen. Über Strompausen von 150 Perioden geht man nicht hinaus; bei noch größer werdendem Punktabstand erhöht man die Umfangsgeschwindigkeit der Rollen. Die Schweißgeschwindigkeit schwankt je nach Blechdicke, Werkstoff und Punktabstand zwischen 0,5 und 3 m/min.

Die *Festigkeit* von Nahtschweißungen hängt außer von der Stromstärke auch vom Schweißdruck und der Vorschubgeschwindigkeit ab. Bei zu geringer Vorschubgeschwindigkeit ist der Nebenschlußstrom in dem vorher geschweißten Punkt der Naht zu groß. Hierdurch wird der Werkstoff überhitzt und die Nahtfestigkeit entsprechend verringert. Bei aushärtbaren Legierungen kann der schon geschweißte Punkt der Naht durch die Wärme des Nebenschlußstromes nachträglich vergütet und dadurch die Festigkeit der Verbindung erhöht werden. Ist aber die Vorschubgeschwindigkeit zu groß, dann wird der Nebenschlußstrom zu gering und reicht für eine Nahtvergütung nicht mehr aus. Es muß also die Vorschubgeschwindigkeit auf die sonstigen Schweißbedingungen genau abgestimmt sein. Der Höchstwert der Nahtfestigkeit wird bei aushärtbaren Legierungen bei einer bestimmten Vorschubgeschwindigkeit erreicht. Abb. 104 gibt die Festigkeitswerte einer Nahtschweißung von 1 mm dickem Duraluminblech (Al-Cu-Mg) bei verschiedenen Vorschubgeschwindigkeiten an.

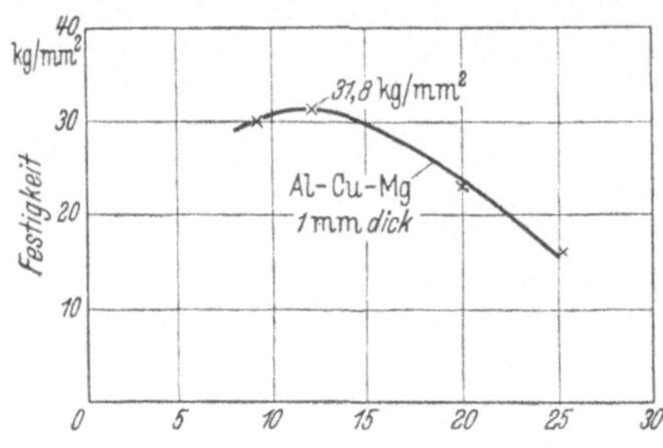

Abb. 104. Abhängigkeit der Nahtfestigkeit von der Vorschubgeschwindigkeit.

Der Vorteil der Vergütung der Naht durch die richtige Vorschubgeschwindigkeit liegt darin, daß das Werkstück seine Form behält. Bei einem Nachglühen im Ofen ist dagegen stets ein Nachrichten erforderlich.

Während bei der Punktschweißung die Nahtfestigkeit durch zwei Punktreihen erhöht wird, wird bei der Nahtschweißung durch zwei hintereinanderliegende Nähte keine Festigkeitssteigerung quer zur Naht erreicht, da der Bruch immer in der Naht eintritt, die die schwächste Stelle im geschweißten Bauteil ist. — Für Heftschweißungen mit großem Punktabstand trifft dagegen das für Punktnähte Gesagte zu.

C. Die Stumpfschweißung.

48. Verfahren und Anwendungsgebiete. Die Werkstücke werden nach Abb. 105 zwischen die an die Sekundärseite des Umspanners angeschlossenen Spannbacken so eingespannt, daß ihre Stoßflächen sich berühren. An der Berührungsstelle werden die vom Schweißstrom durchflossenen Werkstücke infolge des hohen Übergangswiderstandes auf Schweißtemperatur erhitzt und unter Ausschalten des Stromes durch eine Stauchvorrichtung schlagartig zusammengedrückt.

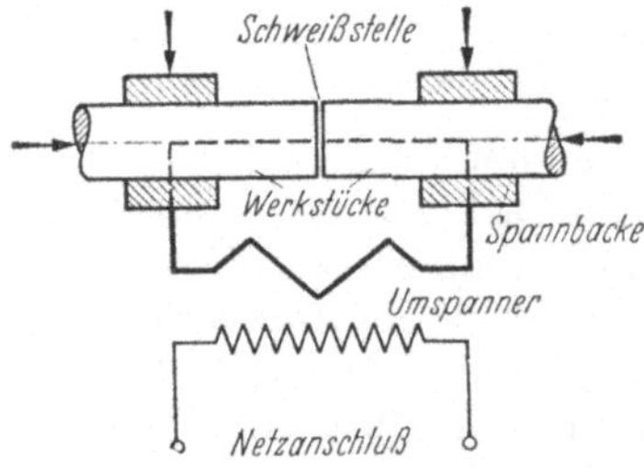

Abb. 105. Schema der Stumpfschweißung.

Auch für die Stumpfschweißung der Leichtmetalle sind wesentlich höhere elektrische Leistungen erforderlich als für Stahl. Mit den zur Zeit vorhandenen

Maschinen können nur Querschnitte bis 300 mm² geschweißt werden. Der kleinste schweißbare Querschnitt beträgt etwa 1 mm².

Während bei Stahl vorwiegend die Abbrennschweißung (Abschmelzschweißung) angewandt wird, können Leichtmetalle nur nach dem ruhenden Verfahren (Druckschweißung) stumpfgeschweißt werden, es entsteht eine Stauchwulst nach Abb. 106. Jedoch hat sich für die Verbindung von Aluminium mit Kupfer, z. B. bei Stromschienen, Kabelschuhen und Klemmstücken die Abbrennschweißung als günstiger erwiesen[1]. Leichtmetalle erfordern *starke Schweißströme*, damit die Schweißstelle rasch erhitzt wird, und *geringe Stauchkräfte* (bis zu 1,5 kg/mm²). Obwohl der Werkstoff ziemlich plötzlich flüssig wird und der plastische Zwischenzustand nicht wie bei Stahl deutlich erkennbar ist, darf der Schweißdruck im Augenblick des Weichwerdens der Schweißstelle nicht nachlassen; sonst würde der Schweißstromkreis unterbrochen und die Schweißstelle unbrauchbar werden. Durch das Stauchen wird die an den Stabenden gebildete Schmelzschicht mit den etwa entstandenen Oxyden herausgepreßt, die Stirnflächen werden verschweißt. An der Schweißstelle entsteht ein sehr grobkörniges Gußgefüge, durch das die Festigkeit der Verbindung gegenüber dem Ausgangswerkstoff verringert wird. Nicht alle Leichtmetalle lassen sich gleich gut stumpfschweißen.

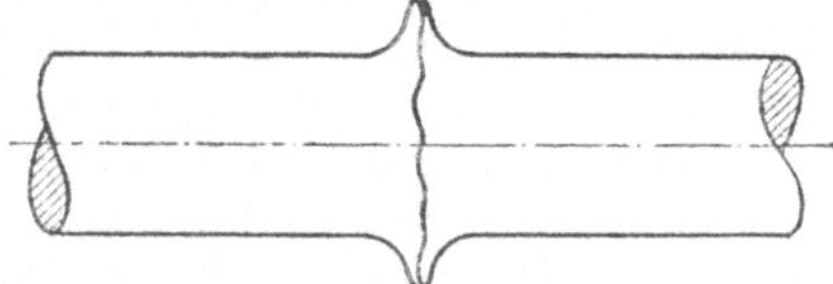

Abb. 106. Stauchwulst beim Stumpfschweißen.

Das Anwendungsgebiet der Stumpfschweißung erstreckt sich auf gewalzte Drähte vor dem Ziehen und gezogene Drähte bei der Seilherstellung, ferner auf das Schweißen von Leitungsschienen, Rohren und Profilstäben aller Art.

Insbesondere sind scharfe Überwachung des Schweißvorganges und genaue Abstimmung der Stromstärken Bedingung für das Gelingen der Schweißung.

49. Anforderungen an die Stumpfschweißmaschinen. Für Leichtmetalle können dieselben Stumpfschweißmaschinen wie für Stahl ohne Schwierigkeiten verwandt werden. Bei den besonders für die Leichtmetallschweißung gebauten Maschinen sind die Stauchschlitten wegen der geringen Schweißdrücke leicht gebaut und reibungsarm geführt, damit der Stauchvorgang möglichst leicht durchgeführt werden kann. Da die Temperaturverhältnisse des Werkstückes schwierig zu beurteilen sind, ist eine *selbsttätige* Steuerung des Schweißvorganges *zweckmäßig*.

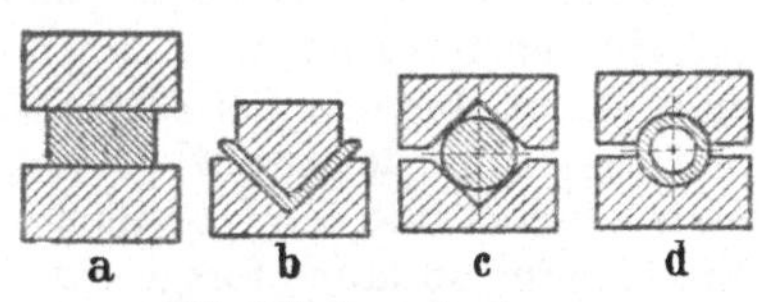

Abb. 107. Spannbacken.

Die Spannbacken müssen sich dem Querschnitt des Werkstückes anpassen. Flachbacken kommen nur für rechteckige Querschnitte in Frage (Abb. 107a), während man für Winkelquerschnitte schon Sonderbacken benötigt (Abb. 107b). Für Rundstangen verwendet man Backen mit keilförmigen Einschnitten (Abb. 107c). Durch diese wird der Stromübergang und die Haltefähigkeit verbessert und auch eine genaue Zentrierung ermöglicht. Die Einspannung dünnwandiger Rohre und sonstiger Hohlquerschnitte verlangt Backen, die das Profil von außen genau umschließen, um Verformungen zu vermeiden (Abb. 107d). Als Werkstoffe für Spannbacken kommen Kupfer, Bronze oder auch Stahl in Frage, letzterer insbesondere für nicht stromführende Backen. Stahlbacken verringern auch den Wärmeableitungsverlust.

Entsprechend der höheren Wärmeleitfähigkeit der Leichtmetalle sind bei ihnen

[1] E. Wich: Neue Aluminium-Kupfer-Schweißverbindungen. Aluminium 1942, S. 81.

die Einspannlängen größer als bei Stahl. Zu kurze Einspannlängen verursachen eine zu starke Wärmeableitung von der Schweißstelle zu den Spannbacken und erhöhen den Leistungsverbrauch; andererseits muß berücksichtigt werden, daß bei zu großer Einspannlänge das Werkstück ausknickt.

VI. Das Löten von Aluminium und seinen Legierungen.

50. Lötverfahren. Neben dem Schweißen hat auch das Löten von Aluminium und seinen Legierungen Bedeutung erlangt. Der grundsätzliche Unterschied zwischen Schweißen und Löten besteht darin, daß beim Schweißen der Grundwerkstoff örtlich flüssig und in die Schweißfuge ein Zusatzdraht eingeschmolzen wird, während beim Löten die zu verbindenden Metallteile im festen Zustand bleiben und nur so weit erhitzt werden, wie es der Schmelzpunkt des metallischen Bindemittels, des Lotes, erfordert. Das Lot muß eine so nahe Verwandtschaft zu den zu verbindenden Metallen haben, daß es mit ihnen eine Legierung bildet.

Man unterscheidet zwei Lötverfahren: Die *Weichlötung* und die *Hartlötung.* Bei beiden Verfahren sind die Arbeitstemperatur und die zur Erzeugung derselben benutzten Wärmequellen verschieden.

51. Die Weichlötung. Zur Erwärmung der Lötstelle kommt der Lötkolben nur für Aluminiumfolien, Bleche unter 2 mm Dicke und dünne Drähte in Frage. In allen anderen Fällen wird ausschließlich mit der Lötlampe, dem Lötbrenner oder der Lötpistole (mit Leuchtgas und Preßluft betrieben) und bei großen Stücken mit dem Schweißbrenner gearbeitet.

Beim Weichlöten unterscheidet man wieder zwischen dem Reiblöten und dem Reaktionslöten.

Die zum *Reiblöten* in Stangenform benutzten Aluminiumweichlote enthalten im wesentlichen niedrig schmelzende Schwermetalle, wie Zink, Zinn, Kadmium, und kein oder höchstens bis zu 50% Aluminium. Ihre Schmelztemperaturen liegen, je nach Zusammensetzung, zwischen 180 und 500°. Zu niedrig schmelzende Lote erschweren wegen ihrer Dünnflüssigkeit die Lötarbeit.

Nachdem von Lötstelle und Lotstab die Oxydhaut mit Drahtbürste oder Schaber entfernt ist, wird die Lötstelle mit einer der genannten Flammen so weit angewärmt, bis das Lot durch die Wärme des Werkstückes schmilzt. Dann reibt man dieses mit der Drahtbürste ein, wodurch die beim Erhitzen neugebildete Oxydhaut zerstört und die Oberfläche „verzinnt" wird. Das Reiben muß unter weiterer Erwärmung so lange fortgesetzt werden, bis sich ein gut gebundener Metallspiegel bildet. Nun kann weiteres Lot aufgetragen und die Lötung in üblicher Weise durchgeführt werden.

Eine Abart des Reiblötens ist das Schmier- oder Modellierlöten, bei dem die Lote nicht flüssig, sondern breiig (teigig) aufgetragen werden. Diese Lötart dient vorwiegend zur Ausbesserung von Gußstücken. Abgebrochene oder fehlende Ecken werden „anmodelliert".

Mit entsprechenden Schmierloten lassen sich auch Mg-Gußlegierungen löten; sonst gibt es für Mg-Legierungen heute noch keine brauchbaren Lote.

Beim Löten mit dem Lötkolben wird dessen Schneide (Finne) durch Einreiben leicht mit Lot überzogen. Salmiakstein und Lötwasser dürfen nicht angewandt werden. Die Lötstelle wird vorher mit der Drahtbürste eingerieben und beim Löten unter Zuführung von Lot mit dem Lötkolben leicht gerieben.

Die mechanische Zerstörung der Oxydhaut durch Einreiben des Lotes ist verhältnismäßig umständlich. Beim *Reaktionslöten* wird die mechanische Zerstörung der Oxydhaut durch einen chemischen Vorgang eingeleitet. Die sog. Reaktionslote, das sind Zinkchlorid enthaltende Schwermetall-Salzmischungen, die in Pulver- oder Pastenform erhältlich sind, dringen nach Erhitzung auf dem Werkstück an einigen Stellen durch die Oxydhaut. Diese wird unter Rauchentwicklung zerstört, und mit der freigelegten Werkstückoberfläche legieren sich freie Schwermetalle (vorwiegend Zink). Beim Erhitzen soll das Lot möglichst nicht mit der Flamme in Berührung kommen. Nach dem Löten müssen die Salzreste durch gründliches Abwaschen entfernt werden.

Reaktionslote werden immer mehr beim Löten von Massenartikeln, z. B. beim Löten von Messing- oder Stahlnadeln an Aluminiumabzeichen oder Plaketten angewandt. An Stelle der in diesem Falle ausreichenden Spiritus- oder Gasflamme kann auch eine drehbare Heizplatte verwandt werden.

52. Die Hartlötung. Für die Erhitzung der Lötstelle wird in der Regel der Schweißbrenner benutzt; die Lötlampe reicht nur in wenigen Fällen aus.

Als Lote werden aluminiumreiche Legierungen mit mindestens 70% Aluminium (Rest vorwiegend Kupfer, Nickel und Silizium) in Form von Drähten oder Körnern (Schlaglot) oder als Röhrenlot mit Flußmittelfüllung verwandt. Die Arbeitstemperatur liegt zwischen 530 und 620°. Für Reinaluminium und Aluminiumlegierungen mit hohem Schmelzpunkt eignet sich auch Silumin.

Zur Lösung der Oxydhaut sind Flußmittel erforderlich, die eine ähnliche Zusammensetzung, aber eine niedrigere Wirkungstemperatur als die beim Schweißen verwendeten haben. Geeignete Hartlötflußmittel sind „Sudal", „Autogal C", „Firinit Supra" oder „Firinit Neutral" (vgl. S. 14). Die Flußmittel werden meist in Pulverform, aber auch als dünner Brei angerührt verwandt.

Wie beim Schweißen, so wird auch beim Hartlöten die Lötstelle mit Drahtbürste, Schaber oder Feile metallisch blank gemacht. Gußstücke müssen vorher von Öl gereinigt und ihre Bruchkanten abgeschrägt werden. Bei Verwendung von Stablot wird dieses abgeschmirgelt und am Arbeitsende erhitzt, damit das Flußmittel gut haftet.

Zum Löten legt man das Werkstück auf Asbest oder feuerfeste Steine, um die Wärmeableitung gering zu halten. Frei tragende Teile müssen unterbaut werden. Beim Anwärmen wird die Brennerspitze einige Zentimeter vom Werkstück gehalten und die Flamme dauernd bewegt. Die richtige Löttemperatur erkennt man am plötzlichen Ausbreiten des Flußmittels; das Aluminium beginnt schwach zu glühen. Nun wird der Lotstab unter leichten Rührbewegungen (zur Verhinderung des Einschlusses von Flußmittelresten) in die Fuge eingeschmolzen.

Schlaglot wird mit dem Flußmittel entweder trocken oder unter Zusatz von Spiritus bzw. Wasser vermischt und in die Lötfuge eingebracht. Zum Vorwärmen wird die Flamme mild und nach dem Schmelzen des Flußmittels etwas schärfer eingestellt. Hierauf ist die Lötung meist nach einem Augenblick durchgeführt.

Die Menge des Flußmittels richtet sich nach dem Werkstück und der Körnung des Schlaglotes. Al-Legierungen erfordern mehr Flußmittel als Reinaluminium, ebenso muß der Flußmittelzusatz mit feinerer Körnung erhöht werden.

Hartlötungen können stumpf oder überlappt ausgeführt werden. Nach dem Löten müssen die Reste hygroskopischer Flußmittel mit Wasser abgespült werden, das vorteilhaft angewärmt wird und einen Zusatz von Salpetersäure enthält. Hiernach wird die Lötstelle getrocknet und mit Öl, Lanolin oder Paraffin eingefettet.

53. Gütewerte und Anwendungsgebiete der Lötverfahren. Weichlötungen haben geringere Festigkeitswerte als Hartlötungen (6···8 kg/mm² bei Weichlötungen gegen 11 kg/mm² bei Hartlötungen). Weiter ist die Korrosionsbeständigkeit der Weichlötungen sehr gering. Sie können nur da verwendet werden, wo die Lötstellen keinerlei Feuchtigkeitsangriff ausgesetzt oder durch Farbanstrich, Öl oder Fett hiergegen geschützt sind. Weichlötungen werden hauptsächlich beim Ausbessern kleiner Fehler an Gußstücken (Schönheitsfehler, kleine Risse, poröse Stellen), Verbindungen an Leitungskabeln in der Elektrotechnik, bei Al-Folien und Fleckverbindungen (Ösen und Nadeln an Knöpfen und Abzeichen) angewandt.

Hartlötungen haben höhere Korrosionsbeständigkeit als Weichlötungen und stehen hierin der Schweißung kaum nach. Ihr hauptsächlichstes Anwendungsgebiet sind die Ausbesserung von Gießfehlern an neuen Gußstücken und die Wiederherstellung gebrochener Gußstücke. Bleche können bis zu 2 mm Dicke und 150 bis 200 mm² Querschnitt hart gelötet werden. Hartlötstellen lassen sich auch beizen, polieren und eloxieren. Für die Legierungen der Gruppe Al-Mg ist die Hartlötung nicht brauchbar.

54. Verbindung von Aluminium mit Schwermetallen. Verbindungen von Aluminium mit Eisen, Kupfer, Messing, Nickel, Monelmetall, V 2 A, Blei und Zink lassen sich durch Schweißen oder Löten ausführen. Man muß sich jedoch darüber klar sein, daß solche Verbindungen keine hohe Korrosionsbeständigkeit haben und daher mit einer Schutzschicht aus Farbe oder Lack überzogen werden müssen. Außerdem neigen die Verbindungen zur Sprödigkeit[1].

Al kann mit *Eisen* in der Weise verschweißt werden, daß man das Eisen an der Schweißstelle dünn mit Lötzinn überzieht und nach sorgfältiger Entfernung der Lötwasserreste die Schweißung unter Verwendung von Aluminiumzusatzdraht und Flußmittel herstellt. Da infolge des Unterschiedes der Schmelzpunkte nur das Al flüssig wird, kann man von einer Schweißung im eigentlichen Sinne nicht sprechen; diese liegt nur auf der Al-Seite vor, während es sich auf der Eisenseite um eine Hartlötung handelt. Dies trifft auch bei den Schweißverbindungen von Al mit anderen Schwermetallen zu. Die Verbindung soll nach Abb. 108 so ausgeführt werden, daß das Eisenblech parallel zur Naht in etwa 1 cm Breite mit Al überzogen wird.

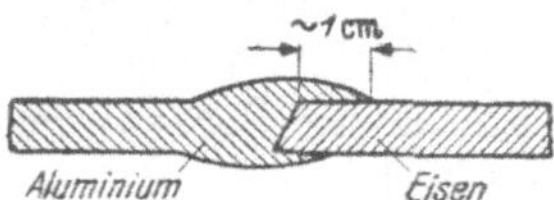

Abb. 108. Verbindung von Al mit Eisen.

Die Festigkeitswerte dieser Verbindung, an Blech- und Drahtschweißungen ermittelt, sind gut und liegen zwischen 6 und 10 kg/mm². Ebenso ist auch die Korrosionsbeständigkeit verhältnismäßig gut.

Schwieriger ist die Verbindung von Al mit *Kupfer*. Die besten Ergebnisse erhält man, wenn man das Kupfer vor dem Schweißen mit Lötzinn überzieht. Beim Schweißen muß die Flamme mehr auf den Draht als auf die Bleche gehalten werden. Nach diesem Verfahren hergestellte Versuchsschweißungen an 5 mm dicken Blechen ergaben Festigkeitswerte von 4 ··· 5,5 kg/mm². Die Schweißnaht ist jedoch sehr spröde, und bei stärkerer Biegungsbeanspruchung hebt sich das Al bzw. die beim Schweißen gebildete Legierung vom Kupfer ab.

Die Weichlötung von Al und Kupfer gibt bessere Festigkeitswerte (7,5 bis 8,5 kg/mm²) und ist auch leichter ausführbar. Das Kupferblech wird mit Lötzinn, das Al-Blech mit Al-Weichlot überzogen und dann die Fuge ohne Flußmittel mit Al-Weichlot ausgefüllt. Zum Löten von Drähten ist Al-Weichlot weniger geeignet; Silberlot hat sich hier als günstiger erwiesen.

Messingblech läßt sich leichter mit Al verschweißen. Das Messingblech wird unter Verwendung von Lötwasser leicht mit einer dünnen Schicht von Al-Weichlot überzogen. Besser ist noch ein Auftragen von kupferhaltigem Al-Guß oder Silberlot auf das Messingblech; bei Anwendung des letzteren haben sich bei 5 mm dicken Blechen Nahtfestigkeiten bis zu 5 kg/mm² ergeben. Schweißungen an dünneren Blechen haben höhere Festigkeiten.

[1] H. Holler u. M. Maier: Beitrag zu den Untersuchungen der Autogenverbindungen von Aluminium mit anderen Metallen. Autogene Metallbearbeitung 1935, S. 177.

Nickel kann nach vorherigem Verzinnen mit Al ohne Schwierigkeiten verschweißt werden. Bei 5 mm dicken Blechen wurden Festigkeiten bis zu 8,5 kg/mm² und bei 2 mm dicken Blechen Festigkeiten von etwa 9 kg/mm² erreicht. Weichlötungen können nach Verzinnen des Nickels mit Al-Weichlot durchgeführt werden. Auch *Monelmetall* läßt sich nach vorherigem Verzinnen mit Al verschweißen; bei dickeren Blechen sind die Festigkeiten der Verbindung geringer als bei Nickel. *Nichtrostende Stähle*, wie V2A, werden vor dem Schweißen mit Al-Weichlot überzogen.

Blei läßt sich ohne Flußmittel unter Zusatz von Bleidraht mit Al gut verschweißen, nachdem letzteres mit Al-Weichlot überzogen ist. Die Verschweißung von Zink mit Al unter Verwendung von Zinkschweißdraht ist schwierig auszuführen. Das Al wird vorher mit Al-Weichlot überzogen und zum Schweißen ein Flußmittel mit niedrigem Schmelzpunkt, z. B. Sudal, verwandt.

Blei und *Zink* lassen sich mit Al auch unter Verwendung von Al-Weichlot weichlöten. Bei der Zink-Al-Weichlötung werden höhere Festigkeitswerte (bis 9 kg/mm²) als bei der Schweißung dieser Metalle erreicht.

VII. Entwurf, Berechnung und Gestaltung geschweißter Leichtmetallteile.

55. Allgemeine Richtlinien für den Entwurf. Wie beim Entwurf jeder geschweißten Konstruktion muß sich auch hier der Konstrukteur von jeder Nachahmung der Nietbauweise freimachen; ebenso falsch ist es aber auch, die Bauformen der Stahlschweißung unmittelbar auf die Leichtmetalle zu übertragen. Jedes Stück muß entsprechend der Eigenart des Werkstoffes gestaltet werden.

Für die Wahl des Werkstoffes und die Lage der Schweißnähte ist zu berücksichtigen, daß bei den ausgehärteten Al-Legierungen die Festigkeit durch die Schweißung zurückgeht. Wenn Bauteile aus diesen Werkstoffen infolge ihrer Größe eine Nachvergütung nicht zulassen, dann müssen bei ihnen die Schweißnähte an geringer beanspruchte Stellen gelegt werden.

Bei Bemessung von Leichtmetallteilen, die auf Biegung oder Knickung beansprucht werden, muß der geringere Elastizitätsmodul E berücksichtigt werden, der nur rund $^1/_3$ desjenigen von Stahl beträgt. Daher ist bei größeren Stützweiten zur Vermeidung unzulässiger Durchbiegungen eine entsprechende Erhöhung des Trägheitsmomentes nötig. Bei den auf Knickung beanspruchten Baugliedern müssen entweder die Knicklängen durch seitliche Abstützungen verringert oder ihre Trägheitsmomente durch geeignete Querschnittsausbildung entsprechend vergrößert werden.

Bei Auswahl des Schweißverfahrens ist außer den mit den einzelnen Verfahren erzielbaren Gütewerten zu berücksichtigen, daß Kehlnähte nicht gasgeschweißt werden können und für Mg-Legierungen die Lichtbogenschweißung vorläufig noch nicht in Frage kommt.

Leichtmetallegierungen ähnlicher Zusammensetzung lassen sich miteinander verschweißen, wenn ihre Schmelzpunkte nicht zu sehr voneinander abweichen.

Walzprofile erleichtern vielfach die schweißtechnische Gestaltung. Sie lassen sich besser in weichgeglühtem als im hartgewalzten Zustande verschweißen. Bei Gußstücken, die mit Blechen verschweißt werden, muß auf die Gußspannungen Rücksicht genommen werden. Beim Ein- und Anschweißen von Gesenkpreßteilen muß die verschieden große Schrumpfung berücksichtigt werden.

Auch die Korrosionsbeständigkeit der Schweißverbindung hängt vom Werkstoff ab. So eignen sich Legierungen mit Kupfer- und höherem Magnesiumgehalt weniger für Stücke, die starker Korrosionsgefahr ausgesetzt sind.

Schwermetallteile, insbesondere Kupfer und Kupferlegierungen, müssen an den Berührungsstellen mit Leichtmetallen zur Vermeidung örtlicher Korrosionserscheinungen (elektrochemische Angriffe) mit einem Überzug aus Zink oder Kadmium versehen werden, da der Potentialunterschied zwischen Aluminium und diesen beiden Metallen in der elektrolytischen Spannungsreihe gering ist. Vielfach genügen auch Anstriche mit Bitumen, Asphaltlack, Kunstharzlack, Nitrozelluloselack oder Öllack. Die Isoliermittel müssen säure- und alkalifrei sein.

Gute Isoliermittel sind auch Gummi, Asbest, Klingerit, Vulkanfiber oder Leinewand- bzw. Filzzwischenlagen, die in Bitumen getränkt sind.

Gegen Betonfundamente werden Leichtmetallbehälter durch Bitumenanstriche, Zwischenlagen aus Sand und teerfreier Dachpappe oder, falls eine Einmauerung erfolgt, durch Bitumenanstrich und Beilage einer oder mehrerer Schichten bitumengetränktem Schiffsfilzes isoliert.

56. Bewertung und Berechnung der Schweißnähte. Da bei den Stumpfnähten (Abb. 109) der Kraftfluß nicht abgelenkt wird, sind diese allen anderen Nahtarten vorzuziehen und überall anzuwenden, wo sie technisch und wirtschaftlich nur eben

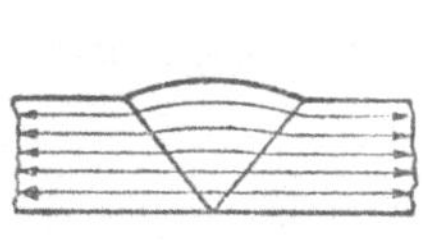

Abb. 109. Kraftfluß bei Stumpfnähten.

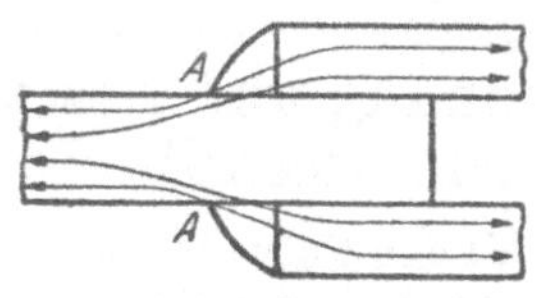

Abb. 110. Kraftfluß bei Kehlnähten. A = Kerbstellen.

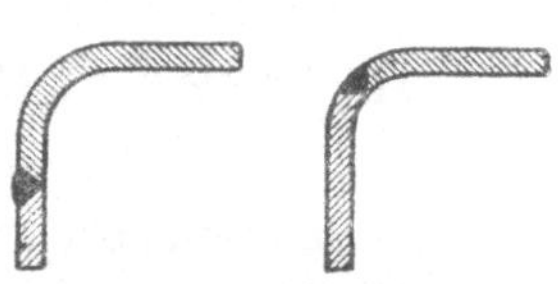

Abb. 111. Abb. 112.
Abb. 111 u. 112. Ersatz der Ecknaht durch eine Stumpfnaht.

möglich sind. Bei überlappten Verbindungen mittels Kehlnähten nach Abb. 110 wird der Kraftfluß umgelenkt; an den Stellen A treten Kerbwirkungen auf, gegen welche die Leichtmetalle besonders empfindlich sind. Ein anderer Nachteil überlappter Verbindungen liegt darin, daß in die Zwischenfuge Flußmittel eindringen und nicht mehr entfernt werden können. Wenn überlappte Verbindungen nicht zu umgehen sind, dann ist die Hartlötung der Schweißung vorzuziehen.

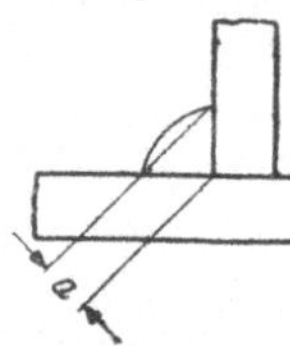

Abb. 113. Berechnung von Kehlnähten. a = Nahtdicke.

Auch in Kehlnähten (Abb. 48) und Ecknähten (Abb. 50) treten Umlenkungen des Kraftflusses auf. Um diese zu vermeiden, biegt man nach Abb. 111 oder 112 das eine Blech mit einem nicht zu kleinen Radius um und verschweißt es mit dem anderen durch eine Stumpfnaht. Auf diese Weise kann man die Schweißnähte in den glatten Kraftfluß legen. Später werden hierfür noch weitere Beispiele gezeigt.

Bei T-Stößen ist gegenüber der einfachen Kehlnaht die fugenlose K-Naht nach Abb. 52 vorzuziehen. Bei ihr entfällt die Gefahr des Eindringens von Flußmittelresten in die Zwischenfuge. Kreuzstöße sind stets zu vermeiden und durch Stumpfstöße zu ersetzen.

Die *Berechnung* der in den Schweißnähten auftretenden Beanspruchung erfolgt in gleicher Weise wie bei der Stahlschweißung. Als Nahtdicke wird bei Stumpfnähten die Blechdicke und bei Kehlnähten die Höhe des dem Nahtquerschnitt einbeschriebenen gleichschenkligen Dreieckes eingesetzt (Abb. 113).

Über die zulässige Beanspruchung der Schweißnähte bestehen außer für Druckgefäße[1] noch keine Vorschriften. Die zulässige Beanspruchung ergibt sich durch Einführung eines zulässigen Gütewertes v und einer Sicherheitszahl X. Ist

[1] Richtlinien für Druckgefäße aus Reinaluminium; ferner: G. Liebegott: Erläuterungen zu den „Richtlinien für Druckgefäße aus Reinaluminium“. Aluminium 1942, S. 85.

σ_B die Zugfestigkeit des Werkstoffes, dann ist die zulässige Nahtbeanspruchung $\sigma_{zul.} = v \cdot \sigma_B / X$.

57. Ausführungsbeispiele. Kesselböden werden nach Abb. 115 stets stumpf mit dem Mantel verschweißt. Das Einschieben der Böden in den Mantel und die Verschweißung mittels Kehlnähten nach Abb. 114 ist ungünstig. Bei kleinerem Durchmesser kann zudem die innere Naht nicht einmal geschweißt werden. Kegelförmige Ansätze werden nicht im Knick, sondern in der geraden Mantellinie verschweißt (Abb. 116 · · · 119). Zwischenböden können nur bei geringen Beanspruchungen mit Kehlnähten eingeschweißt werden (Abb. 120), besser ist die Verwendung eines Ringes aus einem T-Walzprofil

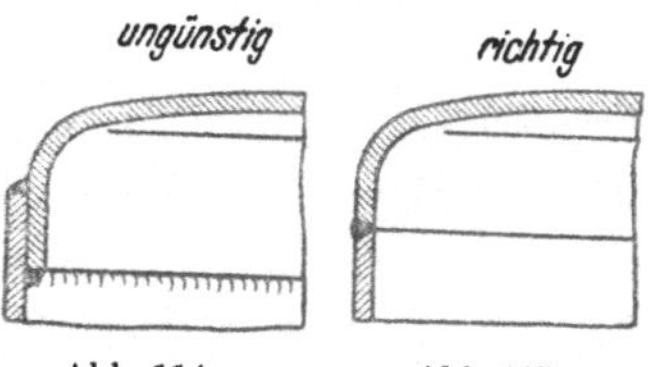

Abb. 114. Abb. 115.

Abb. 114 u. 115. Einschweißen von Kesselböden.

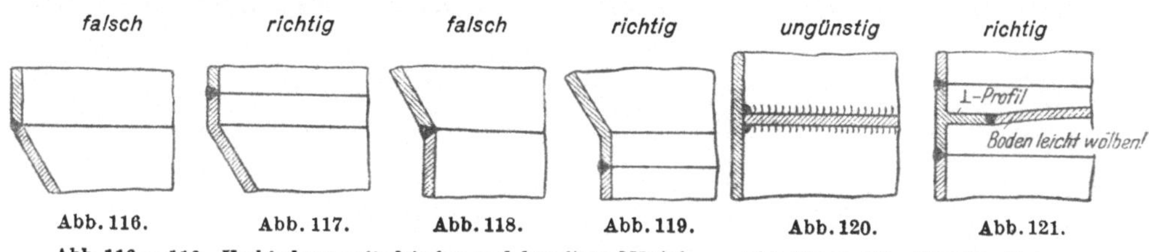

Abb. 116. Abb. 117. Abb. 118. Abb. 119.

Abb. 116 · · · 119. Verbindung zylindrischer und kegeliger Mäntel.

Abb. 120. Abb. 121.

Abb. 120 u. 121. Einschweißen von Behälterzwischenböden.

(Abb. 121). Zur Vermeidung von Schrumpfrissen wird der Zwischenboden etwas durchgewölbt. Der Außenmantel doppelwandiger Behälter wird nach Abb. 122 an den Innenmantel angeschlossen.

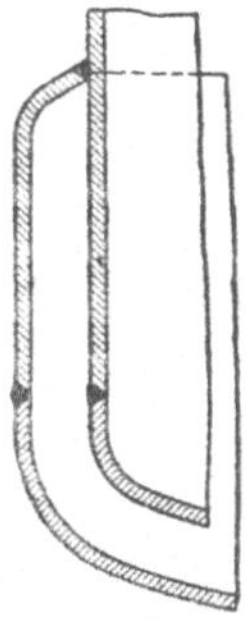

Abb. 122. Anschluß der doppelten Behälterwand.

Bei Rohr- und Stutzenanschlüssen ist die Ausführung nach Abb. 123 unzulässig; das Mantelblech wird, wie Abb. 124 zeigt, umgebördelt oder ausgehalst, um einen Anschluß durch Stumpfnähte zu ermöglichen. In gleicher Weise wird bei Rohrdurchführungen verfahren. Beim Anschluß von Rohrbögen wird das Bogenstück nach Abb. 125 umgebördelt.

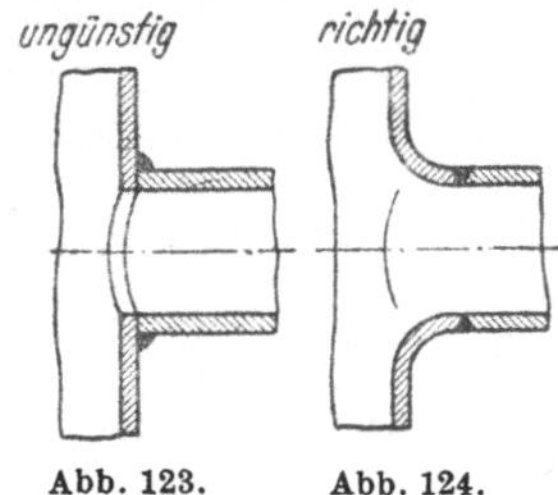

Abb. 123. Abb. 124.

Abb. 123 u. 124. Rohr- und Stutzenanschlüsse.

Rohrflanschen dürfen nicht als Ringflanschen (Abb. 126), ungleicher Querschnitt, sondern nur als Ansatzflanschen (Preßstücke) ausgeführt werden (Abb. 127). Müssen Rohre an dickere Blechwände geschweißt werden, dann schafft man einen Ansatzflansch in der Weise, daß man nach Abb. 128 die Blechwand auf den lichten Rohrdurchmesser aufbohrt und ein Ringstück *a* stehenläßt, welches warm aufgebogen wird. Bei Trommel- und Generatorböden wird die Kehlnaht am Mantelanschluß (Abb. 129) da-

Abb. 126 (falsch). Abb. 127 (richtig).

Abb. 126 u. 127. Rohrflanschen.

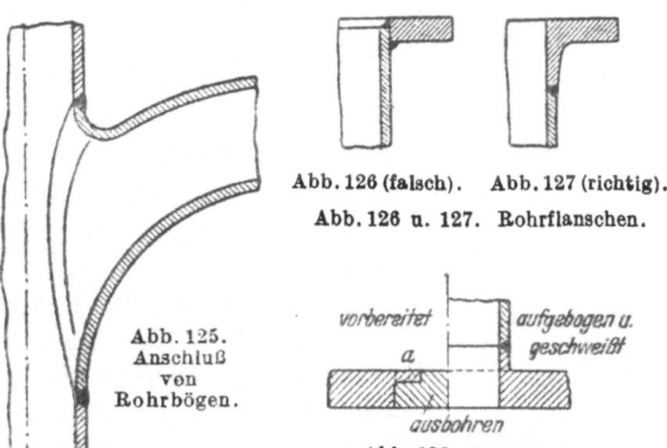

Abb. 125. Anschluß von Rohrbögen.

Abb. 128. Rohrflansch. *a* = Ringstück.

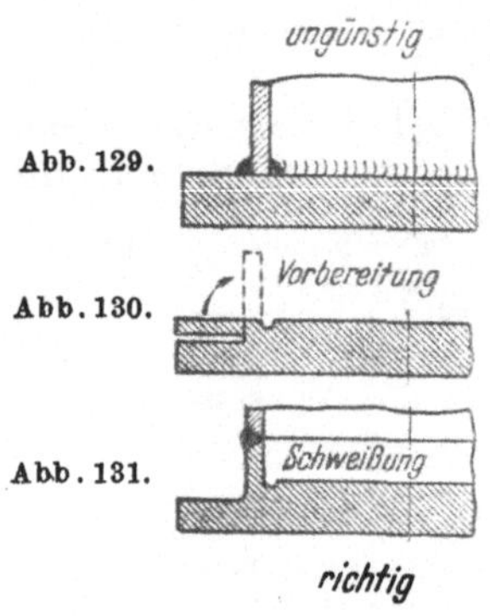

Abb. 129···131. Anschluß von Trommel und Generatorböden.

durch vermieden, daß nach einem patentierten Verfahren der Boden am Umfang radial eingestochen, auf der Innenseite mit einer eingedrehten Halbkreisnut versehen und dann der freie Rand warm hochgebogen wird (Abb. 130 u. 131).

Ein- oder aufzuschweißende Gußstücke müssen mit Ansatzringen versehen sein, die zur Vermeidung von Spannungsrissen nicht zu klein sein dürfen (Abb. 132), oder bei dünnen Blechen gewellt werden, um den Schrumpfkräften nachgeben zu können.

Abb. 132. Einschweißen von Gußstücken.

Tragpratzen werden nach Abb. 133 oder 134 ausgebildet. Die Verstei-

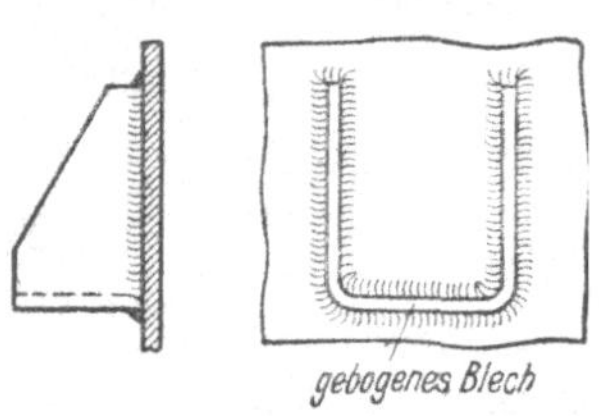

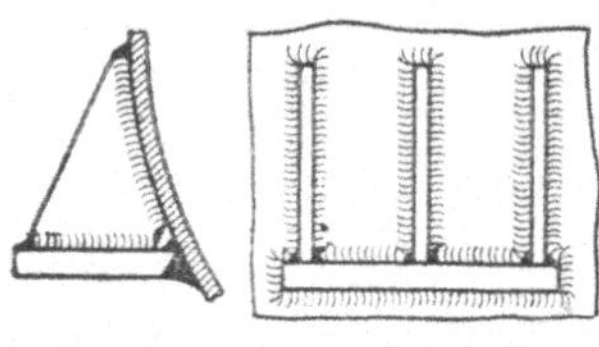
Abb. 133. Abb. 134.
Abb. 133 u. 134. Tragpratzen.

Abb. 135. Umlaufender Tragring.

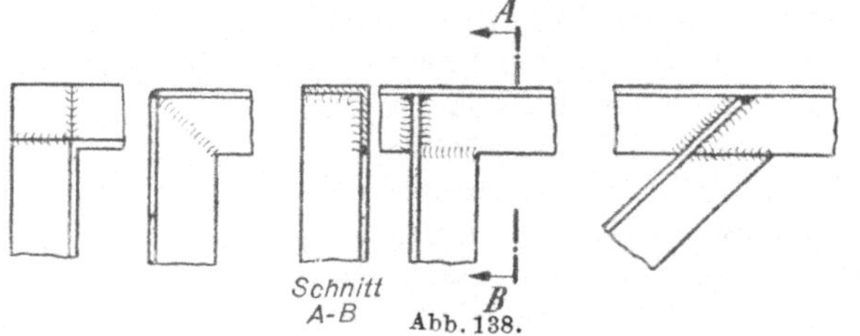

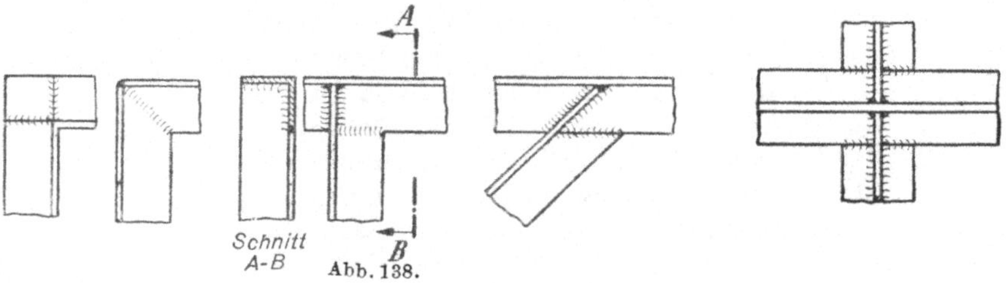

Abb. 138.
Abb. 136···140. Verbindungen von Walzprofilen.

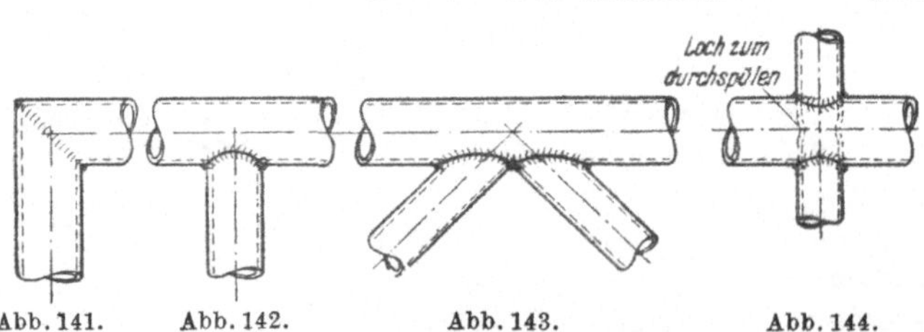

Abb. 141. Abb. 142. Abb. 143. Abb. 144.
Abb. 141···144. Rohrverbindungen.

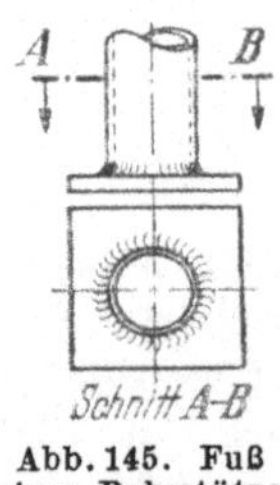

Abb. 145. Fuß einer Rohrstütze.

Abb. 146. Abb. 147.
Abb. 146 u. 147. Reihenfolge beim Schweißen von Profilen.

fungsstege schneidet man an der inneren Ecke aus, außen sind spitze Ecken zu vermeiden. Umlaufende Tragringe werden zwecks Angleichung der Querschnitte nach Abb. 135 innen eingestochen und beiderseits aufgebogen.

Abb. 136···144 zeigen Knotenpunkte von Profil-und Rohrverbindungen bei Leichtmetallgerüsten, Abb. 145 den Fuß einer Rohrstütze. Beim Stumpfschweißen von L- und T-Querschnitten ist nach der in Abb. 146···147 angegebenen Reihenfolge zu verfahren. Um bei Rohrschweißungen die Flußmittelreste auch aus dem Inneren der Rohre entfernen zu können, bohrt man zweckmäßig nach Abb. 144 in die Wand des durchgehenden Rohres ein Loch, um auch von innen durchspülen zu können.

58. Besondere Schweißarbeiten. Hier sind besonders die Verbindungen an Al-Stromleitern zu nennen, die als offene Schweißungen oder unter Zuhilfenahme offener oder geschlossener Formen ausgeführt werden können. Im letzteren Falle kann man die Schmelzschweißung, das Durchgieß- und Aufgießschweißverfahren anwenden. Verbindungen von Al- und Kupferstromleitern werden gelötet. Da im Rahmen dieses Buches hierauf nicht näher eingegangen werden kann, sei auf das Schrifttum verwiesen[1].

VIII. Prüfung von Leichtmetallschweißungen.

59. Prüfung der Schweißbarkeit. Die Feststellung, ob eine Leichtmetallegierung gut, beschränkt oder nicht schweißbar ist, wird in der Regel bei ihrer Neuentwicklung getroffen. Für die nach DIN 1725 und DIN 1729 genormten Legierungen ist der Grad der Schweißbarkeit bekannt. Der Begriff „gute Schweißbarkeit" umfaßt außer einem guten Schweißfluß folgende Eigenschaften: ausreichende Verformbarkeit der Verbindungen, keine Schweißrissigkeit, gute Verschweißbarkeit von Blechen und Walzprofilen mit Preß-, Schmiede- und Gußstücken, Überschweißbarkeit von Nähten, günstiges Verhalten bei Heftschweißungen.

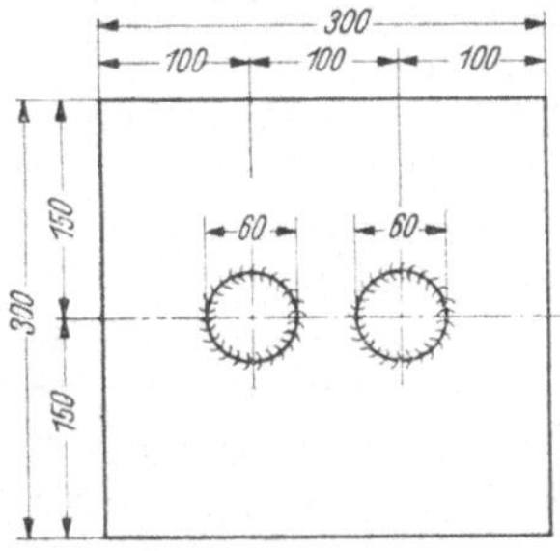

Abb. 148. Rondenschweißprobe.

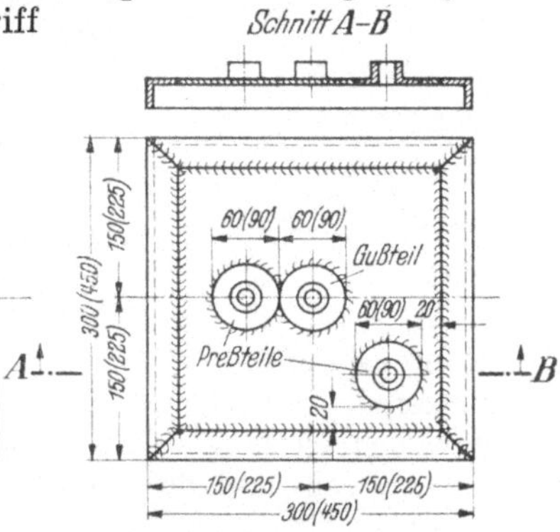

Abb. 149. Probestück für gut schweißbare Legierungen. Offene Maße für 1···2 mm Wandstärke, (- - -) Maße für 6···10 mm Wandstärke.

Für die Prüfung der Schweißrissigkeit ist die Rondenschweißprobe nach Abb. 148 vorgeschlagen worden. Aus einer quadratischen Blechtafel von 300 mm Seitenlänge werden zwei Kreisscheiben von 60 mm Durchmesser ausgeschnitten und wieder eingeschweißt. Nach vollendeter Schweißung dürfen sich keine Risse zeigen. Auch die bei Stählen höherer Festigkeit angewandte Einspannschweißprobe, bei der in eine Vorrichtung starr eingespannte Blechstreifen von 50 mm Breite und 1 mm Dicke verschweißt werden, ist hier brauchbar.

Um zu prüfen, ob sich Bleche mit Preß- und Gußteilen zusammenschweißen lassen und ob ferner die Bedingungen des guten Schweißflusses, des günstigen Verhaltens bei Heftschweißungen, der Überschweißbarkeit von Nähten und insbesondere der Rißfreiheit erfüllt sind, werden Probestücke nach Abb. 149 angefertigt.

Als „beschränkt schweißbar" bezeichnet man die Legierungen, die sich nur auf kurze Längen (200···300 mm) rißfrei schweißen lassen. Zur Prüfung ihrer Schweißbarkeit ist die starre Rohrverbindung nach Abb. 150 vorgeschlagen worden.

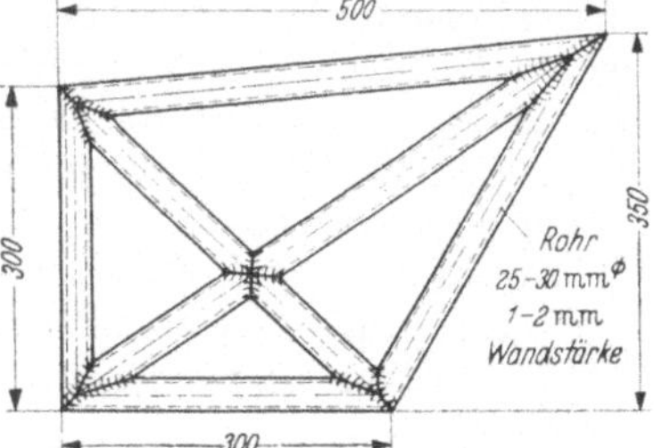

Abb. 150. Probestück für beschränkt schweißbare Legierungen.

[1] Anleitungsblätter für das Schweißen und Löten von Leichtmetallen, S. 58 und 75. Berlin: VDI-Verlag 1940.

60. Zerstörungsfreie Prüfungen. Schon am äußeren Aussehen lassen sich grobe Schweißfehler, wie ungenügendes Durchschweißen bei Stumpfnähten, Einbrandkerben bei lichtbogengeschweißten Nähten und größere Risse feststellen. Feine Risse kann man mit der Lupe erkennen.

Von den bei Stahlschweißungen gebräuchlichen Prüfverfahren kommen für Leichtmetalle nur die Härteprüfung und die Röntgenprüfung in Frage.

Mit der Härteprüfung (Kugeldruckprobe nach Brinell, Härteprüfung nach Vickers und Rockwell) wird die Größe und die Auswirkung der Wärmeeinflußzone bei kalt verfestigten und ausgehärteten Legierungen festgestellt.

Zur Prüfung der inneren Beschaffenheit der Naht (Feststellung von Bindefehlern, Rissen, Einschlüssen von Flußmittelrückständen und Oxyden, Lunkern und Poren), zur Schulung der Schweißer, Kontrolle der Schweißverfahren und der Nachbehandlung der Schweißnähte und zur Erkenntnis von Werkstoffehlern dient die Röntgenprüfung[1], deren Schema in Abb. 151 dargestellt ist. Fehler in der Schweißnaht ergeben infolge des geringeren Widerstandes, den sie dem Durchgang der Röntgenstrahlen bieten, dunkle Stellen auf dem Film, die im Positiv als helle Flecken erscheinen. — Im Gegensatz zur Prüfung von Stahlschweißungen arbeitet man bei Leichtmetallen mit niedrigeren Röhrenspannungen (30 bis höchstens 150 kV). Außerdem kann meist auf die bei dickeren Stahlstücken erforderlichen Verstärkungsfolien verzichtet werden, ohne daß sich zu lange Belichtungszeiten ergeben. Infolge der niedrigeren Röhrenspannungen und des Fehlens der Verstärkungsfolien ergeben sich im Röntgenbild stärkere Kontraste und sind die Fehler besser zu erkennen als bei Stahlproben. Abb. 152 zeigt das Röntgenbild einer Aluminiumschweißraupe (Lichtbogenschweißung). Über neuartige Röhrentypen für Leichtmetallprüfungen, auf die hier nicht näher eingegangen werden kann, berichten Berthold und Vaupel[2].

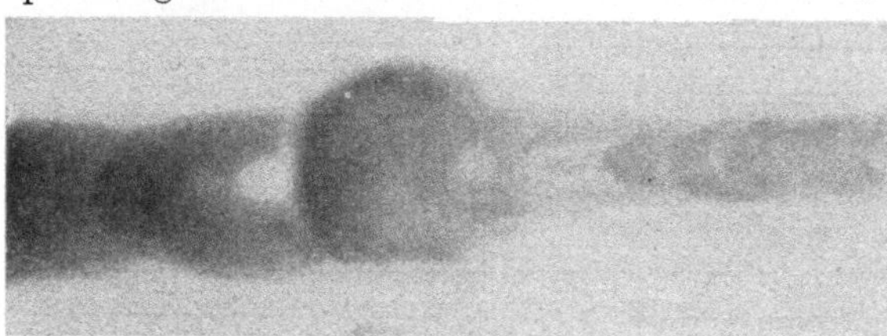

Abb. 152. Röntgenbild einer Lichtbogenschweißung. Ansatzstelle einer neuen Elektrode.

61. Festigkeitsprüfungen. Die Zugfestigkeit wird an Probestäben ermittelt, deren Form in Abb. 153 angegeben ist (Abmessungen Tabelle 20[3]). Die Prüflänge l_v ist so groß gewählt, daß auf alle Fälle die Wärmeeinflußzone in ihr liegt. Die Stäbe können entweder mit Raupe oder mit abgearbeiteter Raupe untersucht werden. Die geringste Festigkeit liegt, je nach Legierung, entweder in der Naht oder in der Wärmeeinflußzone.

Um in den Fällen, wo die geringste Festigkeit in der Wärmeeinflußzone liegt, die Nahtfestigkeit feststellen zu können, verwendet man eingekerbte Stäbe nach Abb. 154 (Abmessungen nach Tabelle 21[3]). Die Schweißraupe muß hier stets ab-

[1] R. Lindemann: Neuere Erfahrungen auf dem Gebiet der Röntgenüberwachung von Leichtmetallen. Metallwirtschaft 1942, S. 691.

[2] R. Berthold u. O. Vaupel: Die Röntgenprüfung von Leichtmetallen. Aluminium 1943, S. 127.

[3] DIN Vornorm 50 123.

gearbeitet werden. Es ergeben sich hier bis zu 10% höhere Festigkeiten als beim Parallelstab nach Abb. 153, da der Werkstoff im Kerbgrund am Fließen gehindert ist.

Die Streckgrenze ist bei den Leichtmetallen nicht deutlich ausgeprägt; sie kann angenähert dem Spannungs-Dehnungsdiagramm entnommen werden. Nach DIN Vornorm 50123, Entwurf 1, wird hierfür die 0,2-Grenze bestimmt.

Die für die Bestimmung der Bruchdehnung maßgebende Meßlänge beträgt bei Blechdicken unter 8 mm $l = 11{,}3\sqrt{F}$, bei dickeren Blechen $5{,}65\sqrt{F}$. Die Bruchdehnung hat jedoch hier nicht die Bedeutung wie für ungeschweißte Werkstoffe, da der Werkstoff innerhalb der Meßlänge keinen einheitlichen Zustand hat.

Tabelle 20. Abmessungen von Zugstäben in mm.

Blechdicke	L	l_v	B	b_v
bis 5	250	120	28	20
5···8	300	170	33	25
über 8	350	200	40	30

Tabelle 21. Abmessungen von Kerbflachstäben in mm.

Blechdicke a	L	b_1	b_2
bis 5	250	15	10
über 5	300	3a	2a

Dauerversuche sollen möglichst unter Nachahmung der Beanspruchungsart vorgenommen werden, der das Werkstück im Betriebe ausgesetzt ist. Im Gegensatz zur Stahlprüfung arbeitet man bei Leichtmetallen mit höheren Lastwechselzahlen, die auf mindestens 50.10⁶ ausgedehnt werden. Zum Schutze gegen Korrosion während der Versuchsdauer werden die Probestäbe eingefettet.

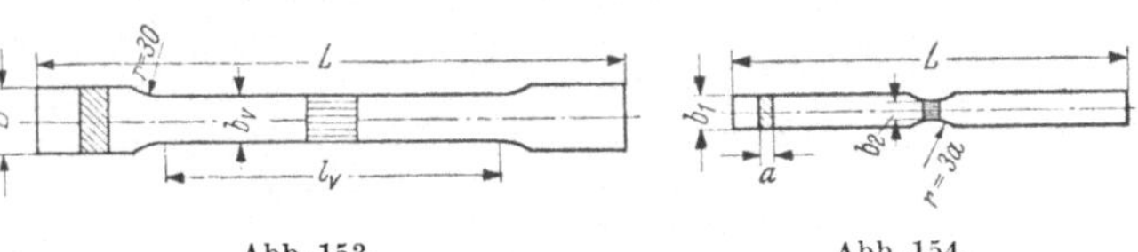

Abb. 153. Abb. 154.
Abb. 153 u. 154. Probestäbe für Zugversuche.

Die Verformungsfähigkeit wird durch Biegeversuche festgestellt, die man in einfacher Weise im Schraubstock durchführen kann. Um ein Abbiegen des Probestabes neben der Naht zu verhindern, wird diese eingekerbt. Ähnlich der Schmiedeprobe kann man auch durch Kalthämmern oder Warmschmieden ein Bild über die Verformungsfähigkeit bekommen. Kerbschlagversuche sind bisher nur selten bei Leichtmetallschweißungen angewandt worden.

62. Metallographische Prüfungen. Zur Prüfung des Großgefüges (makroskopische Prüfung) werden kleine aus einer größeren Probe herausgeschnittene Stücke mit der Feile und feinem Schmirgelpapier an den Prüfflächen bearbeitet und dann mit besonderen Flüssigkeiten geätzt. Als Ätzflüssigkeit kommen in Frage: bei Reinaluminium und der Gattung Al-Mg eine Mischung von 5 Teilen Wasser, 3 Teilen konzentrierter Salzsäure, 1 Teil konzentrierter Salpetersäure und 1 Teil 15 proz. Flußsäure, bei Mg-Legierungen 10 proz. Essigsäure, Chromsäurelösungen (evtl. heiß), Pikrinsäure, Ammoniumchlorid und Ammoniumpersulfat[1]. Die Ätzflüssigkeiten werden mittels Wattebausch auf die vorher gereinigten Prüfflächen aufgetragen. Makroätzungen von Al-Stumpfschweißungen zeigt Abb. 155.

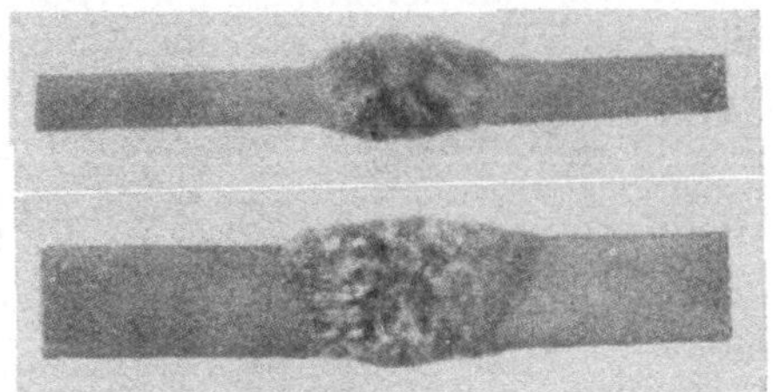
Abb. 155. Makroätzungen lichtbogengeschweißter Al-Stumpfnähte.

[1] A. BECK: Magnesium und seine Legierungen. Berlin: Julius Springer 1939. — Über weitere Ätzflüssigkeiten vgl. A. SCHRADER: Ätzheft, 3. Aufl. Berlin: Gebr. Borntraeger 1941.

Für die Prüfung des Kleingefüges (mikroskopische Prüfung) wird das Probestück fein geschliffen und poliert. Ätzflüssigkeiten sind bei Al und Al-Legierungen eine Mischung aus 66 Teilen Wasser, 30 Teilen konzentrierter Salzsäure und 4 Teilen konzentrierter Flußsäure, bei Mg-Legierungen kann man 5 · · · 10proz. Ammoniumchlorid, Ammoniumnitrat- und Kaliumchromatlösungen verwenden[1]. Aufnahmen einer Mikroätzung zeigt Abb. 156.

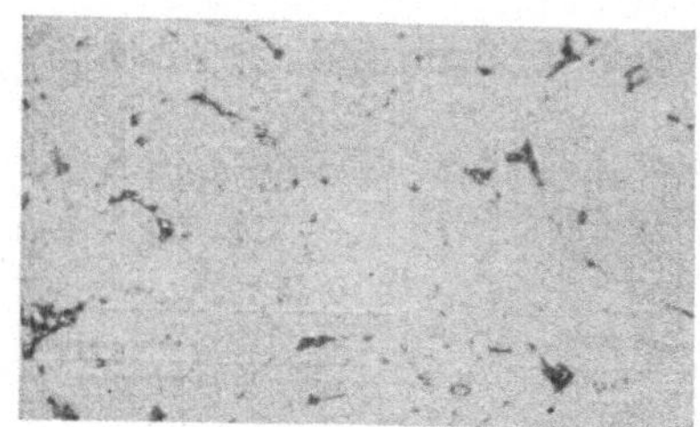

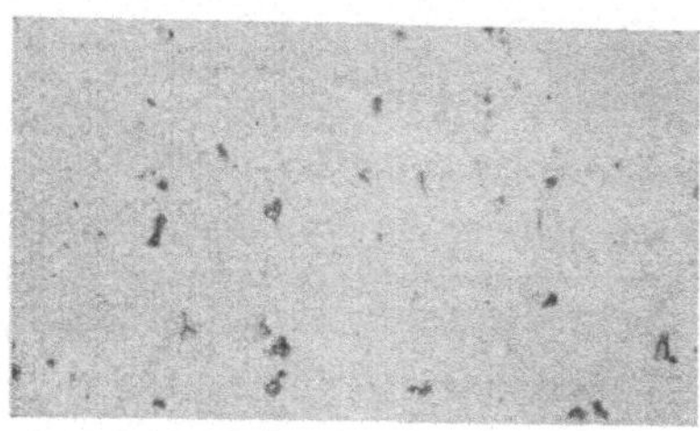

Abb. 156. Mikroätzung einer Längsschweißung an einem Rohr 28,5 × 36 mm. $V = 300$.

63. Korrosionsprüfungen. Für die Prüfung der Korrosionsbeständigkeit der Schweißnähte gegenüber Seewasser und Seeklima kommen folgende Versuche in Frage:

1. *Der Sprühversuch.* Die Proben hängen in einem geschlossenen Raum, in dem stündlich einmal für kurze Zeit eine 3proz. Kochsalzlösung mit Hilfe von Preßluft versprüht wird.
2. *Der Wechseltauchversuch.* Die Proben werden alle halbe Stunde für kurze Zeit in eine 3proz. Kochsalzlösung getaucht.
3. *Der Rührversuch.* Die Proben werden in ein zylindrisches, mit 3proz. Kochsalzlösung gefülltes Glasgefäß vollständig eingetaucht. Über den Boden des Gefäßes läuft ein Rührer.

Ein 10tägiger Laboratoriumsversuch entspricht ungefähr einem 6monatigen Naturversuch im Seeklima oder Seewasser. Die Stärke des Korrosionsangriffes wird durch den Verlust an Festigkeit und Dehnung bestimmt.

IX. Anhang.

64. Schweißerausbildung. Für das sichere Erlernen des Leichtmetall-Schmelzschweißens ist eine gründliche Ausbildung im Stahlschweißen die unerläßliche Vorbedingung. Nur ein geschickter Stahlschweißer kann auch im Schweißen von Leichtmetallen etwas leisten. Die Umschulung erfolgt am besten in den vom Deutschen Verband für Schweißtechnik anerkannten Lehrwerkstätten. Sie erstreckt sich insbesondere auf die Kenntnis der Eigenschaften der Leichtmetalle und ihrer Bearbeitung, auf die Vorbereitung der Werkstücke, die Vorwärmung, die Anwendung der Flußmittel, die Technik des Schweißens und die Durchführung der Nachbehandlung. Ein Leichtmetall-Lichtbogenschweißer muß die Verarbeitung stark ummantelter Stahlelektroden sicher beherrschen. Für die Handhabung des Arcatomschweißgerätes ist eine ausreichende Fertigkeit in der Gasschmelzschweißung erforderlich.

Die Sonderausbildung zum Leichtmetallschweißer dauert je nachdem, ob sie sich auf ein Leichtmetall oder mehrere Legierungen, ob sie sich auf Knetlegierungen allein oder auch auf Gußlegierungen erstreckt, 1 bis 5 Wochen. Begonnen wird in der Regel mit dem Schweißen von Reinaluminium, dann folgen Al-Legierungen, und zum Schluß kommen Mg-Legierungen, die bei Kenntnis der Al-Schweißung keine wesentlichen Schwierigkeiten mehr bieten.

[1] Vgl. Fußnote S. 63.

Druck Julius Beltz, Langensalza

II. Spangebende Formung (Fortsetzung)

III. Spanlose Formung

IV. Schweißen, Löten, Gießerei

V. Antriebe, Getriebe, Vorrichtungen

(*Fortsetzung 4. Umschlagseite*)